Civil 3D-Mengenberechnung, Fundament (Windkraftanlage)

Erläuterung der Civil 3D Funktionen (2021), DGM, Elementkante, Verschneidung Volumenberechnung

Exposee
Funktionalität, Hinweise zur Volumenberechnung eines Fundamentes, Beispiel Windkraftanlage, abgestuftes Fundament, Basis: Civil 3D mit Country-Kit Deutschland (...Deutschland.dwt)

Dipl.-Ing. (TU) Gert Domsch
www.gert-domsch.de

Vorwort

Sehr geehrter Leser,

diese Unterlage ist die Verdichtung meiner beruflichen Tätigkeit, die Verdichtung von 15 Jahren Trainer CIVIL 3D.

Viele der Civil 3D-Funktionen erschließen sich erst, wenn man die Funktionen anhand eines Beispiels erarbeitet. Die Abläufe sind komplex und eine Mischung aus AutoCAD-, MAP (Planung und Analyse) und Civil 3D-Funktionen.

Es gibt bei der Gestaltung von Fundamenten für Windkraftanlagen technische Vorgaben (hier im Beispiel Max Bögel, Schalplan Fundament DN 24m), die eine waagerechte Lage des Bestandes oder Urgelände und damit eventuell auch der weiteren Schichtenfolge im Boden voraussetzen.

Ausschnitt: Max Bögel, Windkraftanlage, Fundament DN 24m

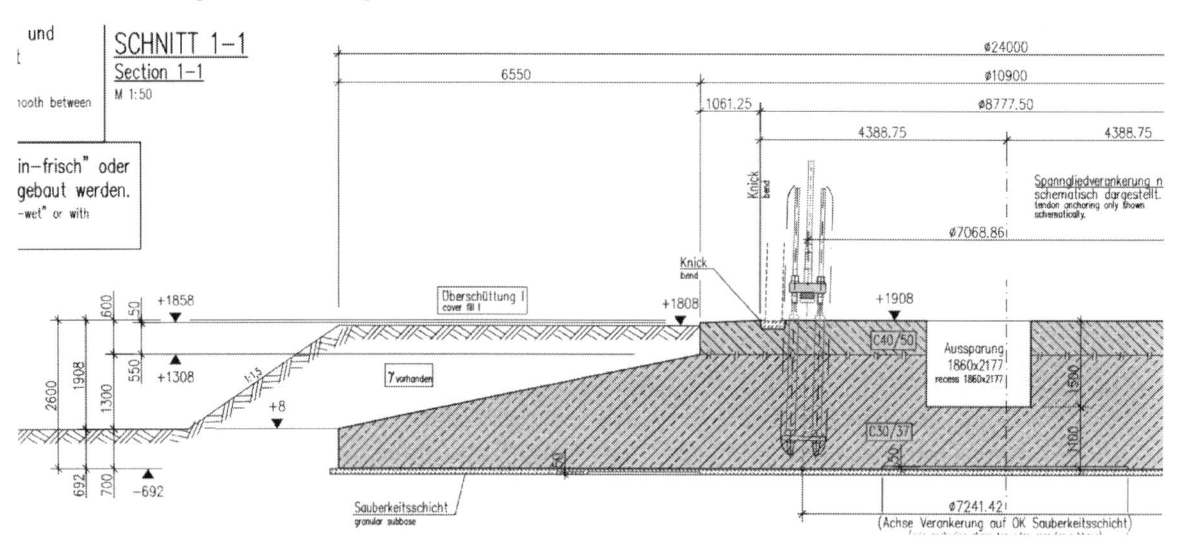

Die Realität könnte etwas anders aussehen. Eventuell sind Fundamente in einen geneigten Hang zu setzen und der geschichtete Aufbau des Bodens ist unter der Oberfläche stärker oder schwächer geneigt als es an der Oberfläche ersichtlich ist. Das Fundament selbst ist jedoch aufgrund der geforderten Stabilität auf einer tragfähigen und nicht geneigten, horizontalen Schicht aufzubauen.

Diese Grundsatzentscheidungen sollten Bestandteil der Konstruktion- und innerhalb der Konstruktion plausibel begründbar sein. Die Konstruktionsfunktionen und Darstellungs-Optionen des Civil 3D lassen eine plausible Konstruktion, Darstellung und Kontrolle zu.

Der Leser dieser Unterlage sollte mit Civil 3D vertraut sein. Diese Beschreibung baut auf die ersten beiden Bücher von mir auf (Civil 3D Grundlagen und Civil 3D Darstellungs-Stile, Beschriftungs-Stile). Er sollte das „Country Kit Deutschland" für die entsprechende Version installiert haben, den Projektbrowser verstehen, DGMs erstellen können und sollte die Funktionen Punktimport, Achse, Höhenplan, Elementkante und Verschneidung kennen. Bestimmte Ergänzungen für Punktimport und Beschriftungen, die dieses Buch offenlässt (Achse und Höhenplan), sind dort genauer erläutert.

Die Basis der Beschreibung ist Civil 3D in der Version 2021.

Mit freundlichen Grüßen
Dipl.-Ing. (TU) Gert Domsch

Inhalt:

Civil 3D-Mengenberechnung, Fundament (Windkraftanlage) ... 0
    Vorwort   1
    Inhalt: 2

1 Voraussetzung ... 3
  1.1 „DGM" ... 3
  1.2 Achse, Längsschnitt, Höhenplan ... 4
    1.2.1 Achse ... 4
    1.2.2 Längsschnitt ... 6
    1.2.3 Höhenplan ... 7
  1.3 Fundament-Parameter ... 10

2 Fundament-UK-Planum ... 13
  2.1 Elementkante ... 13
  2.2 Verschneidung ... 19

3 Abtrag-, Aushub-Volumen, Verschneidung-DGM ... 23
  3.1 Abtragsvolumen (Verschneidungseigenschaft) ... 23
  3.2 Verschneidung-DGM, Auffüllung „Stufe" ... 27
    3.2.1 Elementkante ... 27
    3.2.2 Verschneidung ... 29
  3.3 Sauberkeitsschicht ... 31
    3.3.1 Zusammengesetztes DGM ... 31
    3.3.2 Menge Sauberkeitsschicht, Mengenbefehls-Navigator ... 33

4 Aufschüttung, Auftrag (Berücksichtigung Fundament) ... 38
  4.1 Fundament-DGM (Bruchkanten) ... 38
  4.2 Aufschüttung-Unterkante, zusammengesetztes DGM ... 41
  4.3 Aufschüttung-Oberkante-DGM (Verschneidung) ... 43
  4.4 zusammengesetztes DGM, Mengenberechnung ... 48
    4.4.1 Mengenberechnung ... 50

5 Optionen, Zusatzfunktionen ... 52
  5.1 Schraffur im Höhenplan ... 52
  5.2 Hinweis auf Datenstruktur, Datenverknüpfung ... 54
    5.2.1 DGM-Ordner ... 54
    5.2.2 Datenverknüpfung ... 54
    Ende   55

1 Voraussetzung

1.1 „DGM"

Die Voraussetzung für jede Konstruktion bleibt das DGM. Innerhalb der Erläuterung wird davon ausgegangen, es gibt ein Bodengutachten, welches auf vier Bohrungen oder Drucksondierungen beruht. Diese vier Bodenuntersuchungen liefern die Höhen für folgende Schichtenfolge:

- Urgelände, Bestand
- Mutterboden, Humusboden (-0.3m)
- nichttragfähiger Boden organische Bestandteile, Lehm) (variiert bis -2.5m unter Mutterboden)
- tragfähiger Boden (Fels, Kies, Sand)

Für den Import dieser Punkte (Höhen) in das Civil 3D gibt es mehrere Optionen, auf die in dieser Unterlage nicht eingegangen wird, „Kopieren, Einfügen, Punkt-Import, „Autodesk-Geotechnic-Modul".

In dieser Unterlage werden diese Höhen (Punkte) als AutoCAD-Punkte im Quadrat 50x50m eingefügt. Es wird davon ausgegangen, in der Mitte dieses Quadrates ist der Mittelpunkt des Fundamentes.

Ausgangssituation

2D Darstellung   3D Darstellung (Punkte mit Höhe, ca.100 mü.NN)

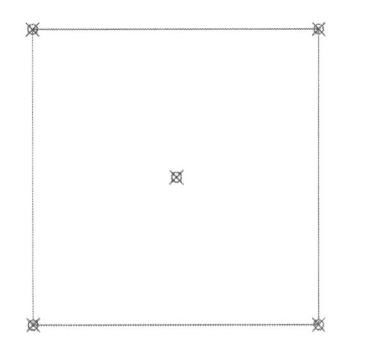

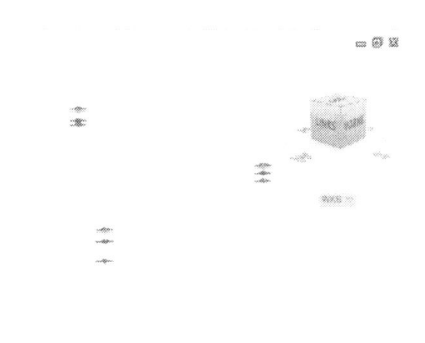

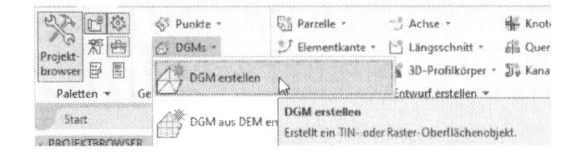

Aus den Punkten jeder einzelnen Schicht wird ein DGM erstellt.

Die Schichtenfolge wird im nächsten Kapitel in einem Höhenplan wiedergegeben.

Liste der DGMs im Projektbrowser   erstellte DGMs

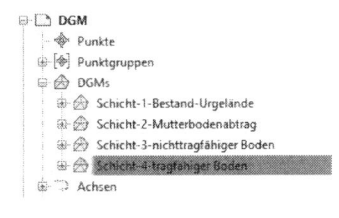

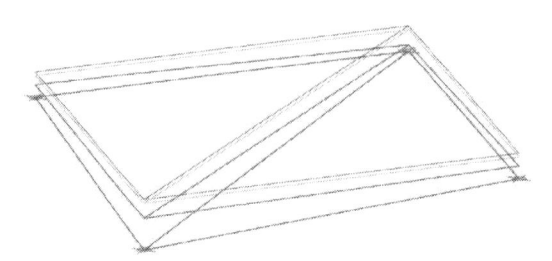

Für den Aufbau des Fundaments ist der tiefste Punkt der tragfähigen Schicht entscheidend. Bis zu dieser Höhe ist nicht tragfähiger Boden auszuheben oder in regelmäßigen Stufen ein horizontaler Abtrag zu gewährleisten, um ein horizontales Fundament zu erstellen.

1 Voraussetzung

Der tiefste Punkt wird hier über die Darstellung des DGMs „Schicht-4-tragfähiger Boden" in Höhenlinien ermittelt (DGM-Eigenschaften, Darstellungs-Stil „Höhenlinien – 1m 20cm [2014]).

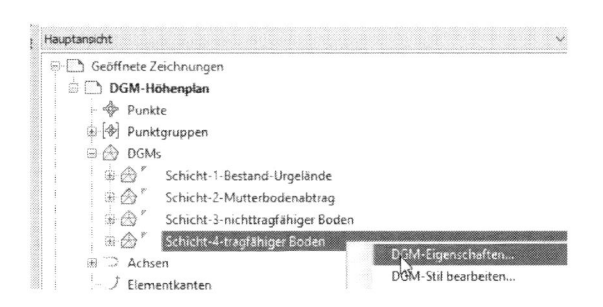

Verschiedene weitere Höhenlinien-Stile sind wählbar.

Um das in den Bildern zu verdeutlichen, wird zusätzlich eine Beschriftung eingefügt. Die Darstellung erfolgt in der Ansicht von „Oben".

Hinweis:

Die anderen drei DGMs wurden auf den Darstellungsstil „Umring" gesetzt.

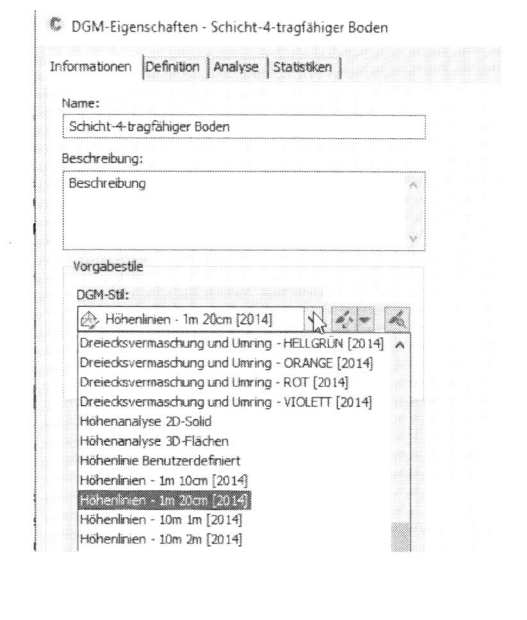

1.2 Achse, Längsschnitt, Höhenplan

Es wird empfohlen jede Konstruktion in einem Höhenplan (deutsch: Längsschnitt, Profil) zu begleiten oder zu kontrollieren. In der Ansicht von „Oben" sind nicht alle Besonderheiten oder Probleme zu erkennen. Die Voraussetzung für einen Höhenplan ist im Civil 3D eine Achse (deutsch: Profillinie).

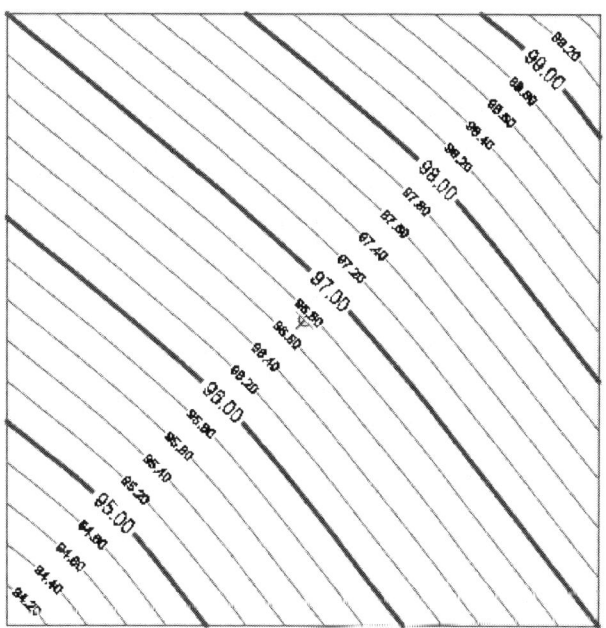

1.2.1 Achse

Es wird die Funktion „Werkzeuge zum Erstellen von Achsen" gestartet.

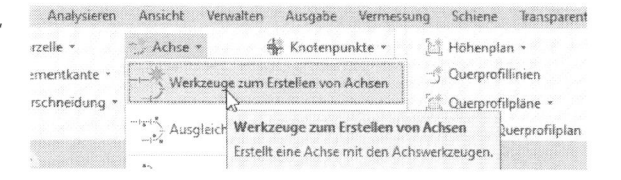

Die Achse wird mit der Bezeichnung (Name) „Schnitt A-A" erstellt. Als Darstellungs-Stil wird Planausgabe Achsen (2014) gewählt.

Die Darstellung ist dann Farbe: „schwarz-weiß" und Linientyp: „Strich-Punkt-Linie".

1 Voraussetzung

Hinweis1:

Die „....Deutschland.dwt" hat keinen vorbereiteten Beschriftungs-Stil, der für eine Beschriftung einer Schnitt-Linie geeignet ist. Die Beschriftung wird in gewissen Grenzen angepasst, um geeignete Optionen für die Umsetzung des Projektes zu zeigen.

Hinweis2:

Zusätzlich könnten rechtwinklig zur Achse Querprofilpläne erstellte sein, um zusätzliche Profilansichten zu haben. Auf diese Option wird in der vorliegenden Beschreibung verzichtet.

Die Achse sollte, auf dem DGM der tragfähigen Schicht vom höchsten Bereich zum niedrigsten Bereich geführt sein. In dieser Richtung oder Ansicht wird die Entscheidung zum durchgehend waagerechten -oder abgestuften Fundament fallen. Gleichzeitig könnte im nachfolgenden Höhenplan der Punkt für die Abstufung festgelegt werden.

Als Konstruktionsbefehl ist „Festelement Gerade (zwei Punkte)" ausreichend.

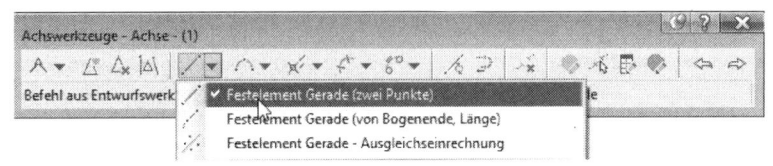

Die Achsbeschriftung sollte bearbeitet werden. Alle Beschriftungselemente außer „Hauptstationen" und „Nebenstationen" können gelöscht sein. Die Parameter und Intervalle werden angepasst. Die spätere Beschriftung des Höhenplans kann auf das Stationsintervall der Achsbeschriftung angepasst werden.

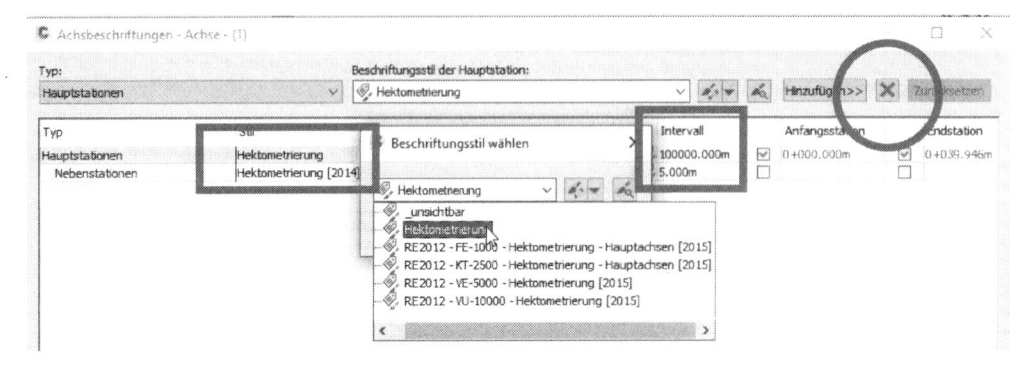

Hinweis:

Linien-Länge, Schriftgröße der Beschriftung und Anschreiben der Bezeichnung („Schnitt A-A") wären anpassbar.

Die Beschriftung der DGM-Höhenlinien ist im nächsten Bild gelöscht. Alternativ kann diese auch aus der Ansicht herausgerückt sein. Die Höhelinien-Beschriftung kann angepickt und anschließend an den Griffen der Linie verschoben werden. Ein Layer „Frieren" ist auch möglich. Auf Layer „Aus" reagiert die Funktion nicht (Layer: C-Beschriftung-DGM).

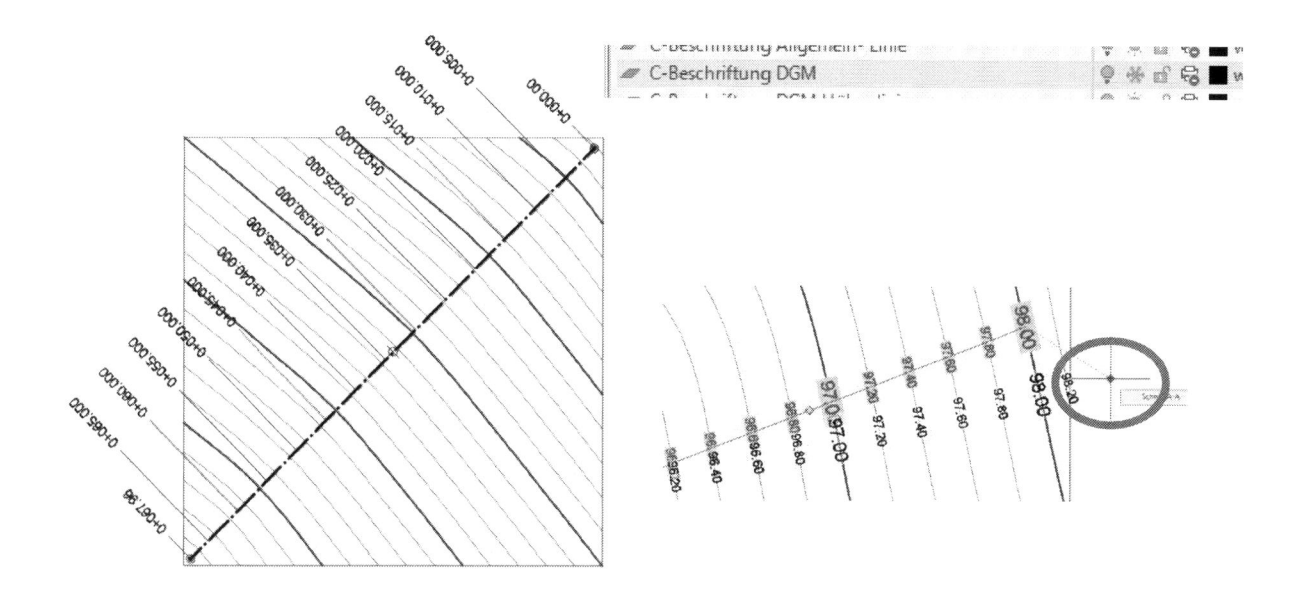

1.2.2 Längsschnitt

Als Bestandteil des späteren Höhenplans gibt es eine Geländelinie. Vor der Höhenplan Funktion ist deshalb diese Geländelinie zu erstellen (Civil 3D, Geländelängsschnitt). Die Funktion dazu ist „Geländelängsschnitt erstellen".

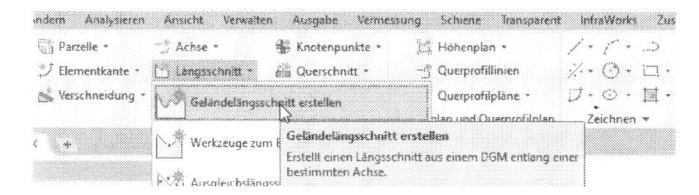

Der Geländelängsschnitt ist die dynamische Verknüpfung von Achse und DGM, das heißt ändert sich die Achse, so ändert sich unmittelbar der Geländelängsschnitt.

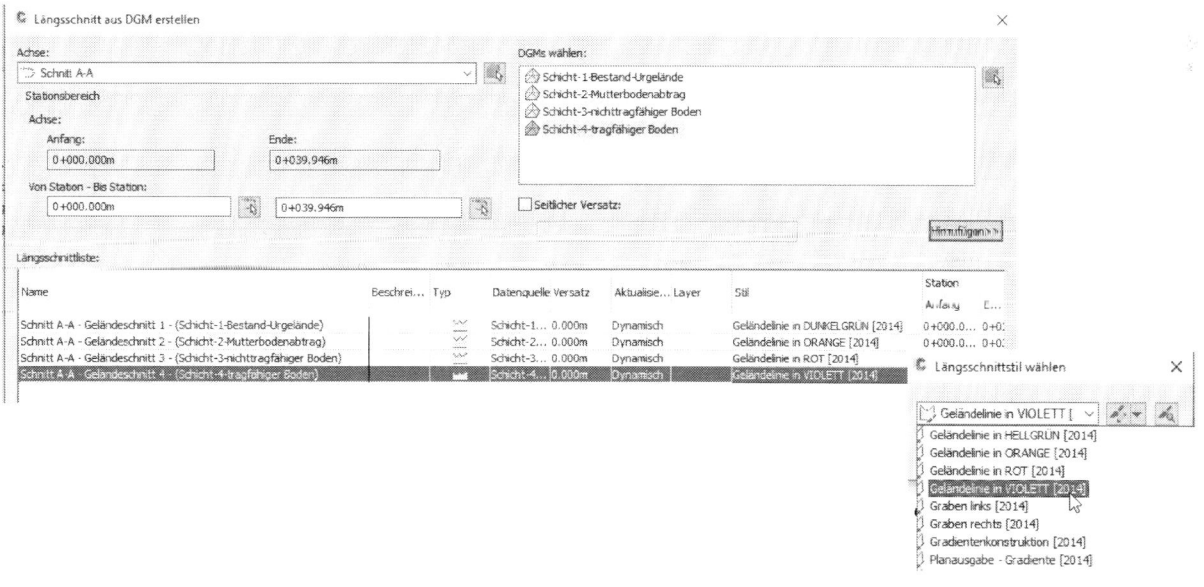

Hinweis:
Für den Geländelängsschnitt sollten bewusst Farben vergeben sein. Das könnte Vorteile haben zum Erkennen bestimmter Besonderheiten.

Die nächste schnelle und richtige Folgefunktion ist „in Höhenplan zeichnen".

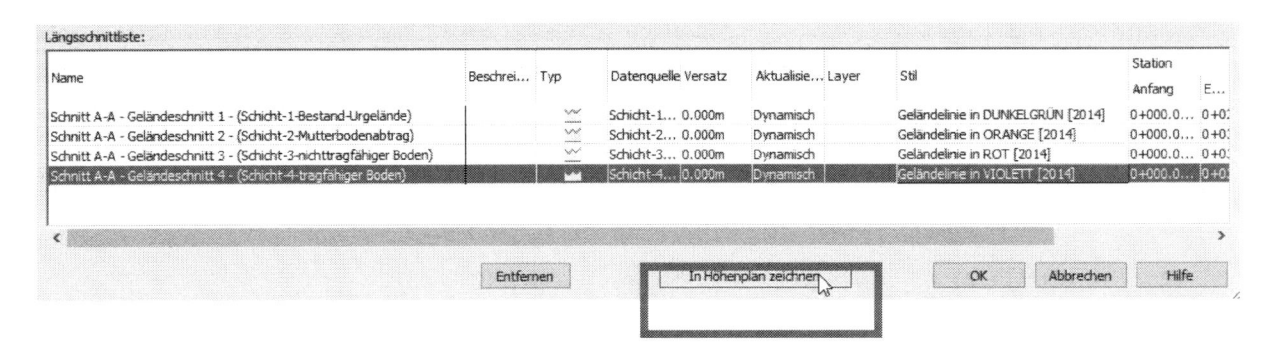

Das Drücken von „OK" ist jedoch kein Fehler. Die Funktion „Höhenplan", Höhenplan erstellen" kann jederzeit und beliebig oft, auch nachträglich aufgerufen sein.

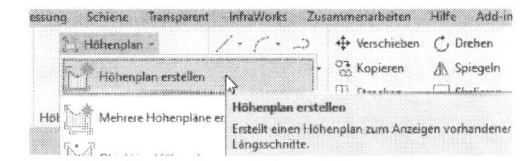

1.2.3 Höhenplan

Es ist ein Höhenplan-Darstellungs-Stil aufzurufen. Hauptbestandteil des Höhenplan-Stils ist die Überhöhung. Für dieses Beispiel wird „Höhenplan-Überhöhung 1:1 Raster horizontal 100 – 20m in Achsrichtung [2016]" vorgeschlagen.

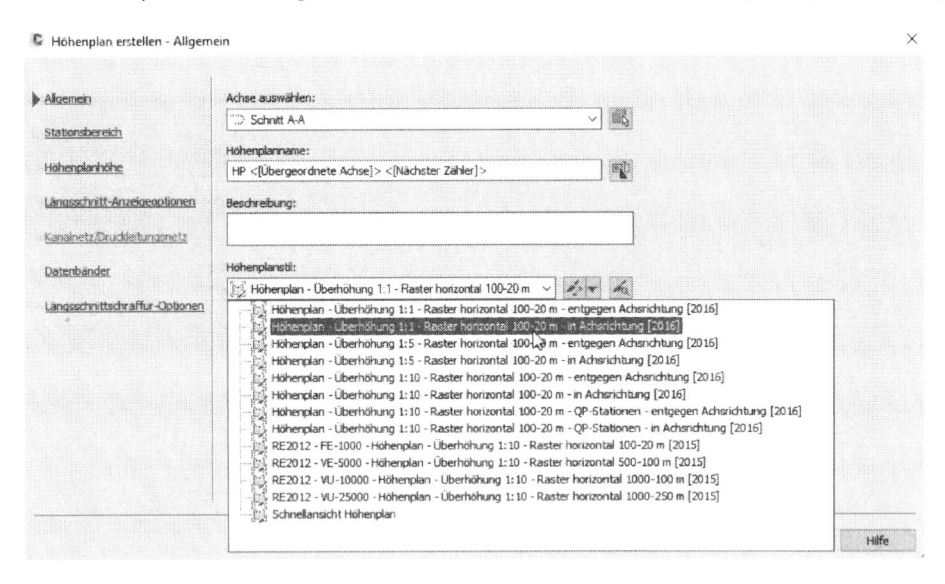

Es wird empfohlen alle Einstellungen, die auf „Automatisch" gesetzt sind (voreingestellt) auf „automatisch" zu belassen. Änderungen an dieser Stelle sind erst zum Plot oder mit der Erstellung eines Layouts zu empfehlen. Erst hier sind eventuelle Anpassungen erforderlich.

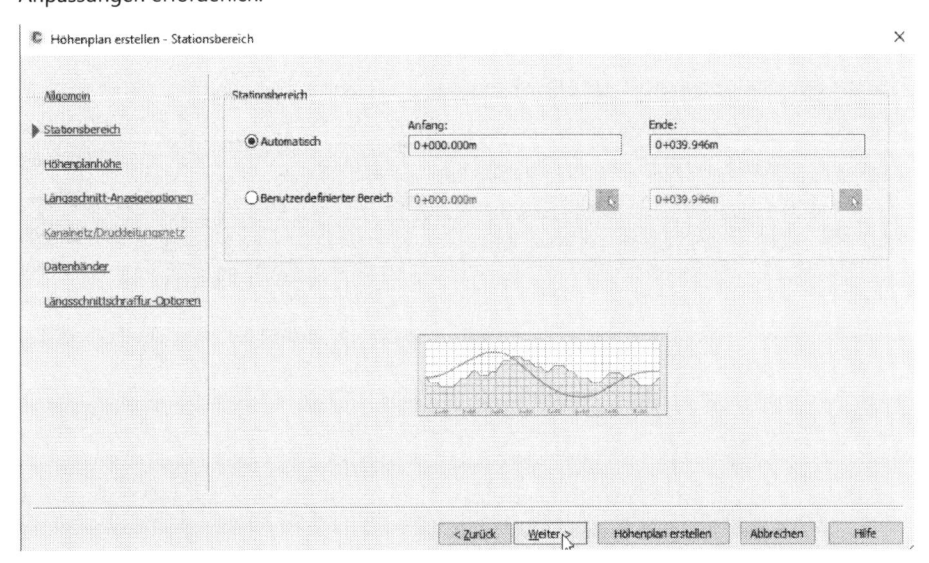

1 Voraussetzung

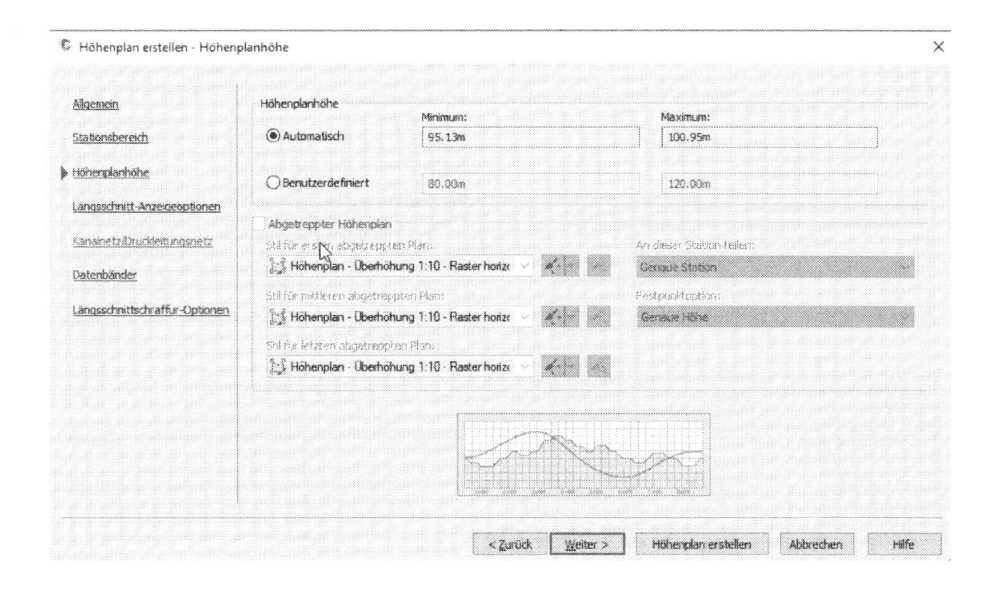

In der folgenden Maske sind in der Spalte „Beschriftungen" zusätzlich Beschriftungs-Optionen abrufbar. Beschriftungs-Optionen könnten für detailliertere Beschriftungen erforderlich sein. Die Auswahl an dieser Stelle ist vielfach bestimmt für Verbindungslinien zwischen Gelände und Band.

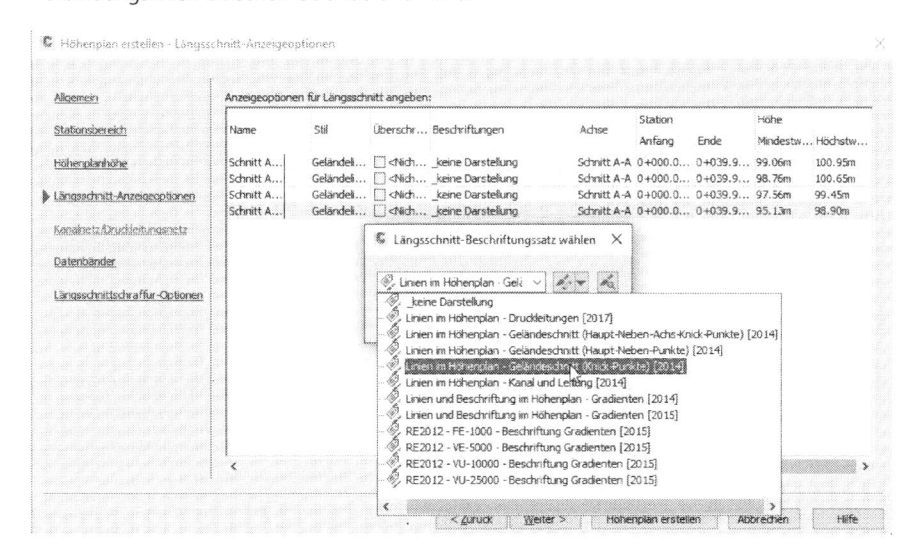

Die Auswahl verschiedener Beschriftungs-Bänder ist möglich. Ein Wechsel wird an dieser Stelle nicht vorgenommen. Es bleibt bei der Voreinstellung.

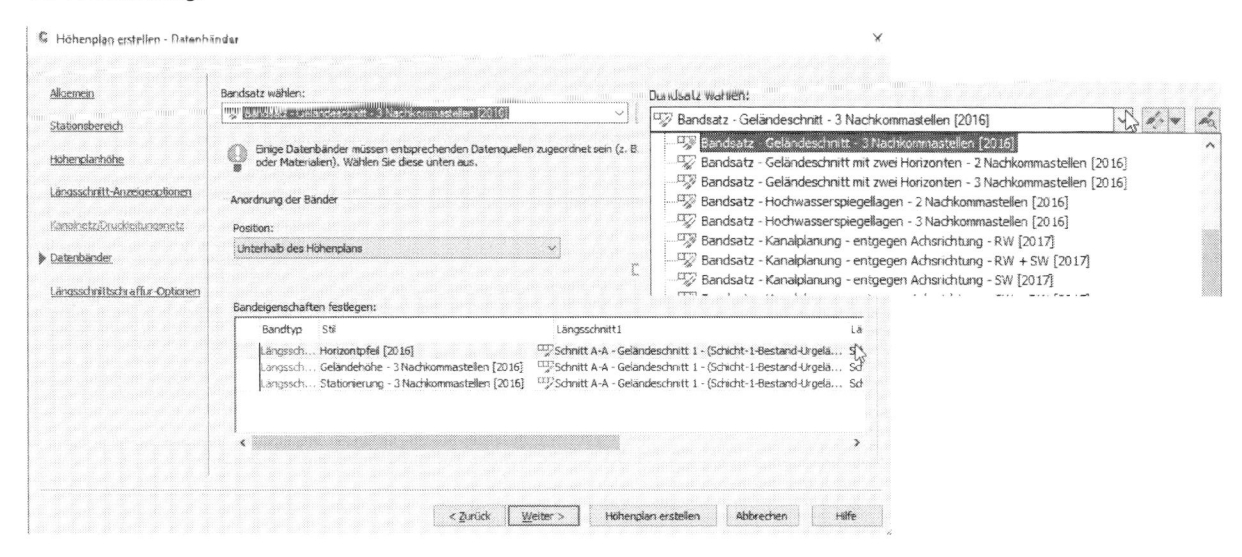

1 Voraussetzung

Schraffur-Optionen werden an dieser Stelle noch nicht genutzt.

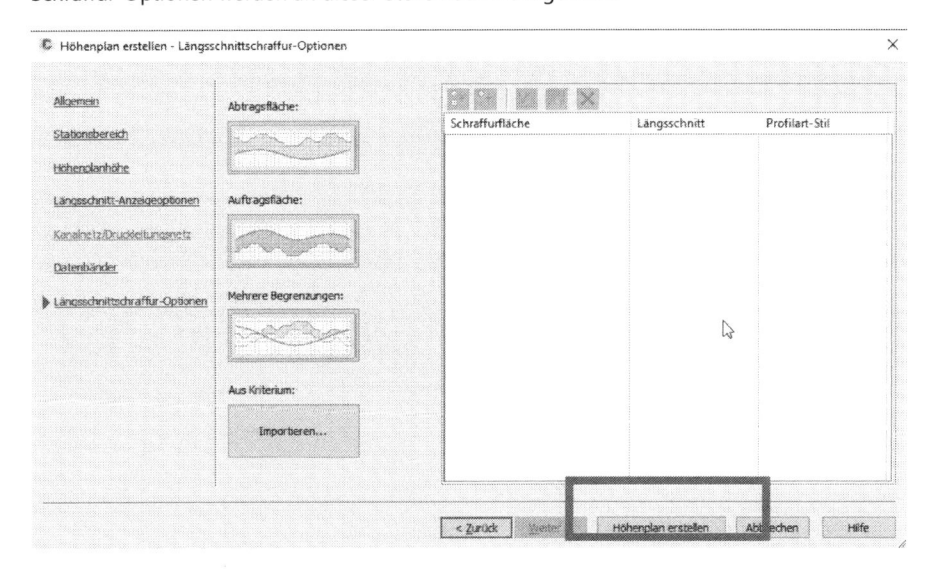

Der Höhenplan wird erstellt. Die gepickte Position sollte nach rechts und oben genügend Platz bieten.

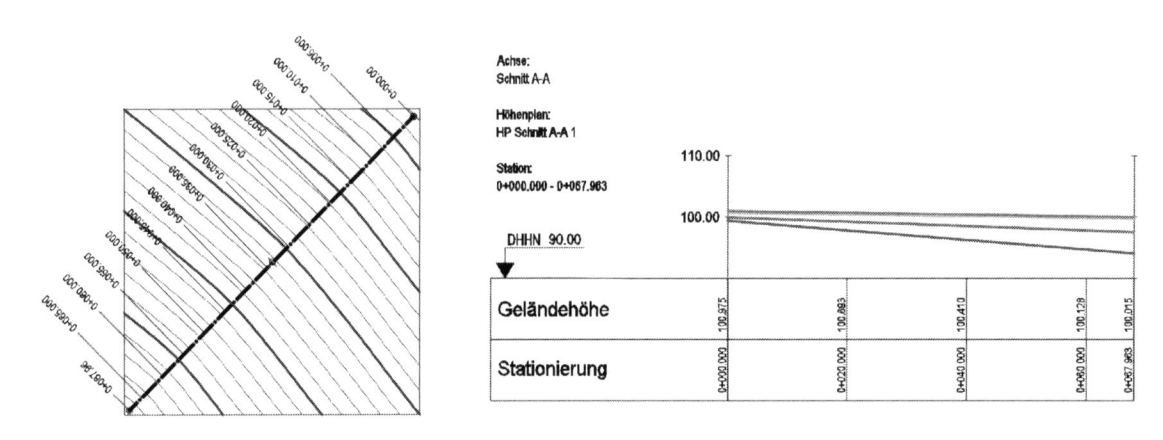

Hinweis:

Der aufgerufene Höhenplan-Stil „Höhenplan - Überhöhung 1:1 Raster horizontal 100 – 20m in Achsrichtung [2016] führt zu einer Höhen-Beschriftung im Raster von 20m (kleines Raster) und 100m (übergeordnetes großes Raster). Beide Raster-Einstellungen sind änderbar und auf die Stations-Beschriftung der Achse anpassbar.

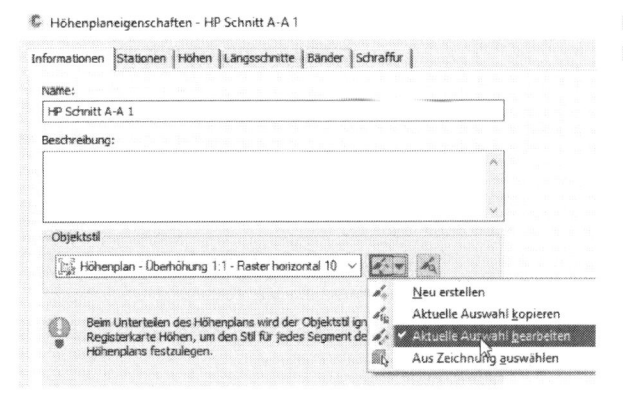

Im Bild wird nur die Einstellung gezeigt, ohne näher auf weitere Beschriftungs-Optionen einzugehen.

Die Bilder sollen lediglich zeigen, dass eine Anpassung von Achsbeschriftung und Höhenplanbeschriftung (hier im Intervall 5m) möglich ist.

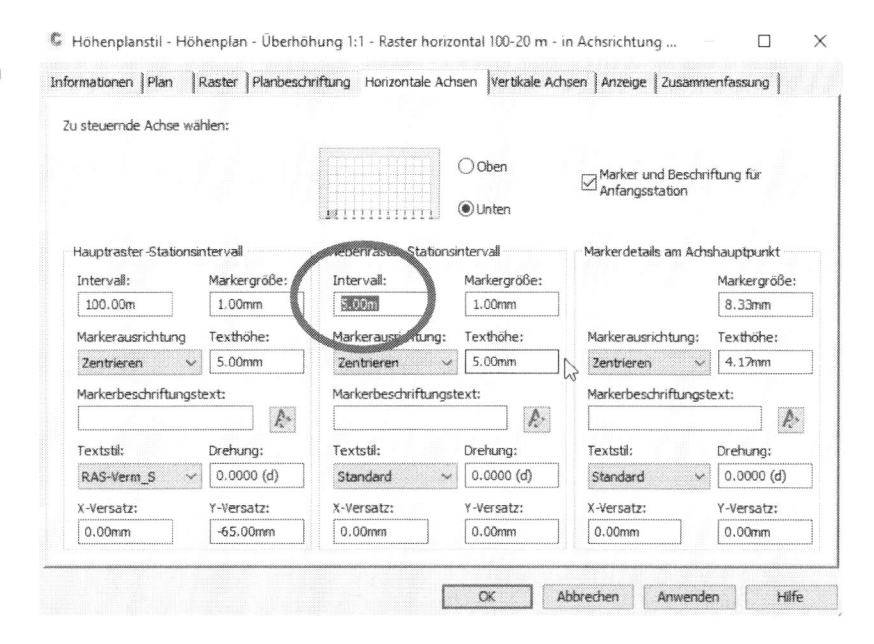

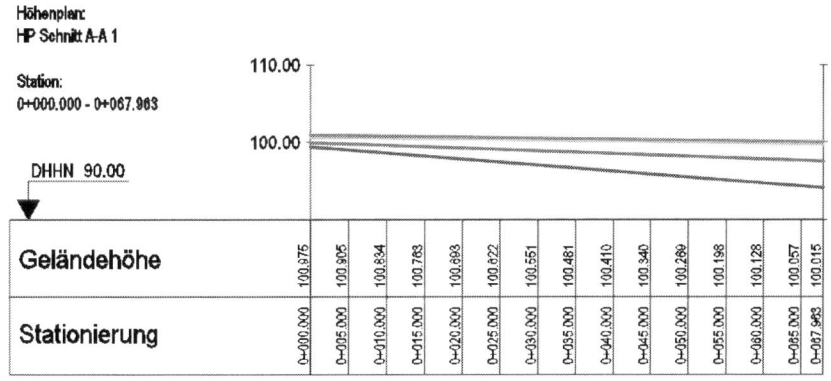

1.3 Fundament-Parameter

Nach dem Import der Gelände-Daten werden schrittweise Fundament-Parameter übernommen. Zuerst ist das der Durchmesser des gesamten Fundamentes und ein zusätzlicher Arbeitsraum von 1m. Für den ersten Arbeitsschritt, den Aushub, sind wesentliche Parameter.

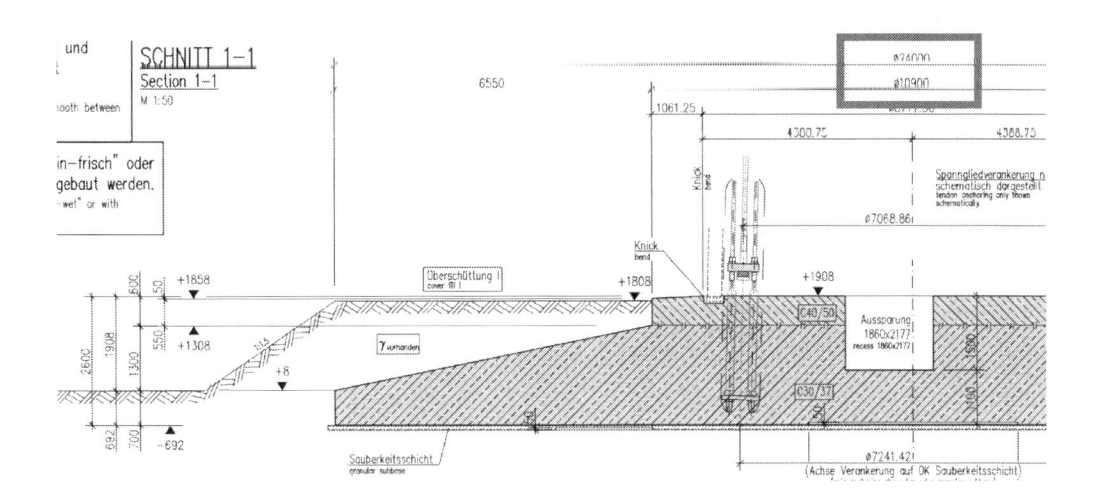

1 Voraussetzung

- Durchmesser Fundament 24m (unterer Ring, R-12m), Arbeitsraum 26m (R-13m)
- Später wird der Durchmesser der Sauberkeitsschicht (plus 0.1m, R-12.1m) und der Durchmesser des oberen Ringes-Fundament benötigt, Durchmesser 10,9m (R-5.45m).
- Die Höhe des unteren Fundament-Ringes zur Sauberkeitsschicht beträgt 0.7m und die des oberen Fundament-Ringes 1.3m bezogen zum unteren Ring. Der obere Fundament-Ring ist 0.6m hoch, wobei der angeschüttete Boden den oberen Ring nur bis zu einer Höhe von 0.55m verdeckt.

Diese Parameter werden benötigt, um die Schichten des Fundamentes und das Fundament als DGM zu konstruieren. Die Konstruktion der DGMs ist die Voraussetzung die Mengen, für Abtrag, Sauberkeitsschicht und Auftrag zu berechnen. Zusätzlich könnte bei abgestuften Fundamenten eine Schotterschicht erforderlich sein.

Für die Beschreibung werden die Parameter nur nach Erfordernis eingegeben oder gezeichnet. Das heißt für den ersten Schritt, Aushub „Fundament-Planum", werden nur Fundament-UK (Radius-Fundament unterer Ring 12m) und Arbeitsraum (13m) benötigt.

Für das Einzeichnen der „Ringe" (Radius-Fundament und Arbeitsraum) ist ein geeigneter Layer zu setzen.

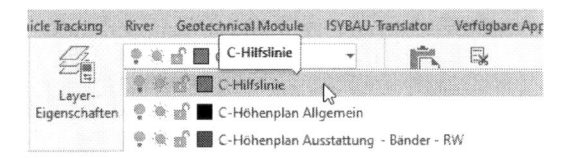

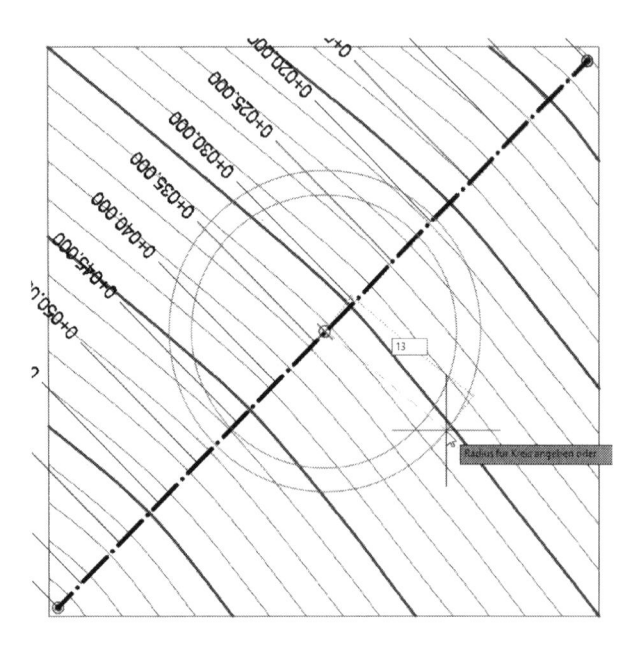

Es werden beide Kreise mit den entsprechenden Radien erstellt. Diese Radien können mit der Funktion „MAPCLEAN" in eine Polylinie (2D-Polylinie) umgewandelt werden. Die Umwandlung ist später als Voraussetzung zum Erstellen der Elementkante erforderlich. Das Civil 3D „Linien-Element" Elementkante ist ein wesentlicher Bestandteil der späteren Konstruktion.

Für die Funktion MAPCLEAN wird empfohlen die Kreise manuell auszuwählen.

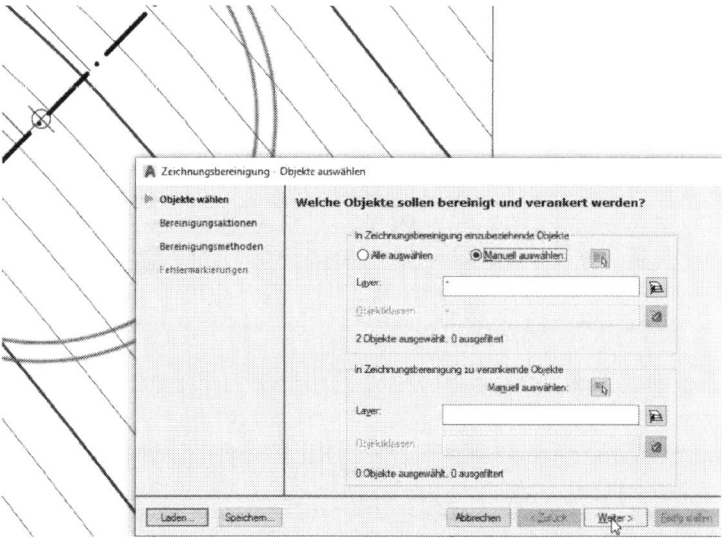

Gert Domsch, CAD-Dienstleistung

1 Voraussetzung

Der zweite Schritt der Funktion MAPCLEAN wird übersprungen, hier wird keine Funktion benötigt.

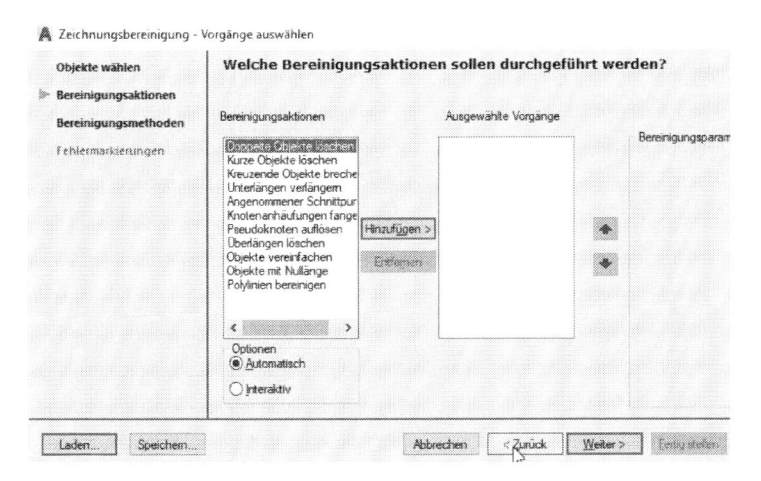

Der dritte Schritt bietet die Funktion „Kreis in Polylinie" umwandeln (2D-Polylinie).

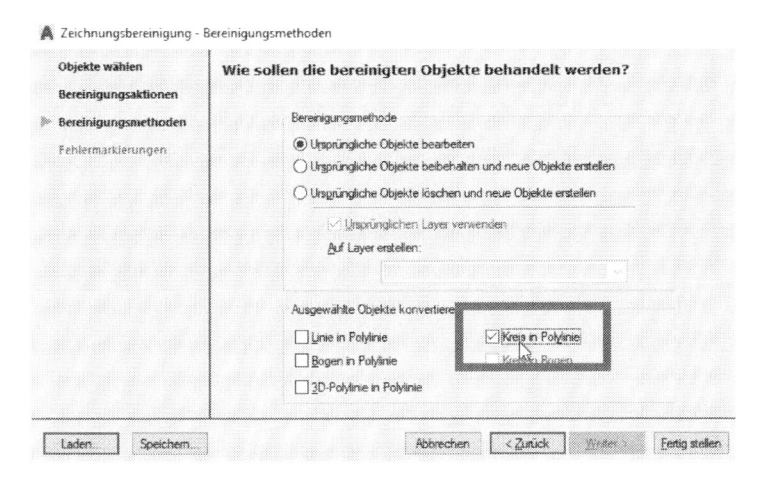

Die erstellten 2D-Polylinien sind die Voraussetzung mit der Funktion „Elementkanten" weiterzuarbeiten (Civil 3D).

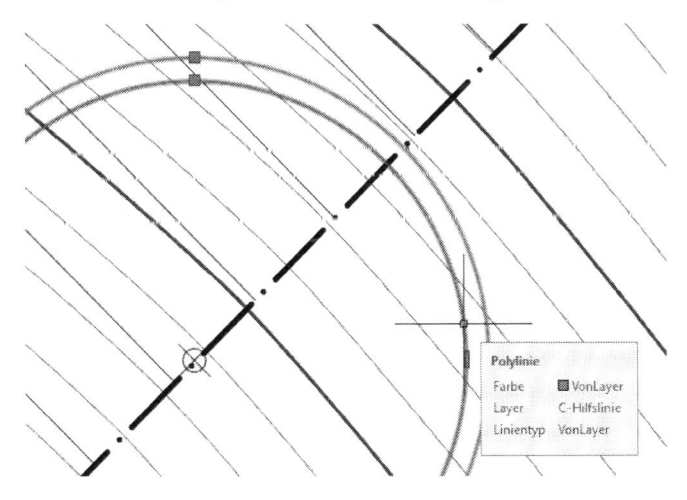

2 Fundament-UK-Planum

Auf dem tragfähigen Boden ist eine horizontale Schicht herzustellen, die die Last der Windkraftanlage aufnehmen kann und die die Ausgangssituation für alle weiteren Schichten darstellt (Sauberkeitsschicht usw.).

Für diese Konstruktion werden die Konstruktions-Elemente „Elementkante" und „Verschneidung" benötigt. Die Elementkante beschreibt die Ausgangssituation (Höhe der Fundament-UK-Planum). Die spätere Verschneidung ist die konstruierte Böschung zum Bezugshorizont (meist die Mutterboden-UK) Abschließend wird aus den Konstruktions-Elementen ein DGM erstellt, dass die Mengenberechnung (Volumenberechnung) ermöglicht.

Die Civil 3D-Elementkante kann auch weitere Aufgaben erfüllen. Die Elementkante ist eine 3D-Polylinien mit verbesserten Eigenschaften (bezogen auf „AutoCAD 3D-Polylinie") Die Elementkante kann mit der 3D-Eigenschaft in den Höhenplan übertragen sein und hier die spätere Fundament-UK-Planum anzeigen. Das kann bei der Entscheidung helfen, ob es eine Stufe im Fundament geben muss oder nicht.

2.1 Elementkante

Aus der 2D-Polylinie des Fundamentes (R-12m) wird eine Elementkante erstellt, Funktion „Elementkante aus Objekt erstellen".

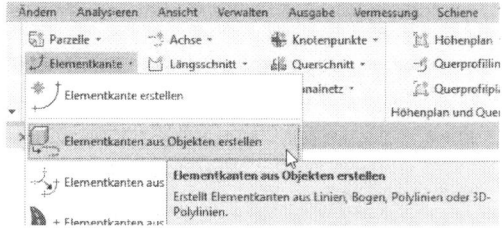

Für die Umwandlung ist die 2D-Polylinie auszuwählen. Es wird empfohlen im Zweifelsfall ein eigenes Gebiet (WEA-1-Fundament) anzulegen.

Hinweis:

Elementkanten, die in einem Gebiet angelegt sind und sich berühren oder schneiden nehmen die gleiche Höhe an. (Civil 3D, 1. Buch Civil 3D Grundlagen, Elemenkanten, Besonderheiten)

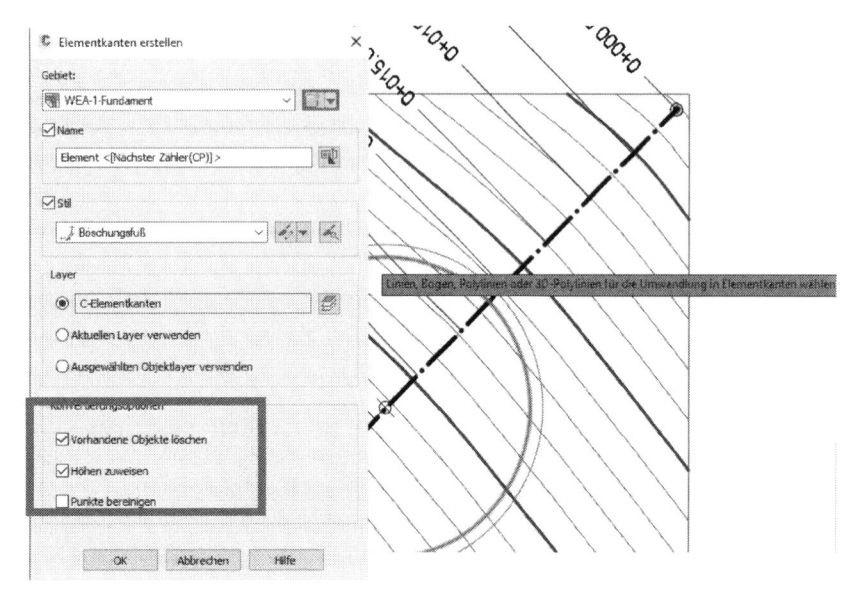

Als Darstellungs-Stil wird „Böschungsfuß" ausgewählt, damit wechselt die Farbe auf „30" und es ist in der Zeichnung zu erkennen, dass es sich nicht mehr um eine 2D-Polylinie, sondern um eine Elementkante handelt.

Es wird die Option „Vorhandene Objekte löschen" und „Höhen zuweisen" gewählt, um mehrere übereinander liegende Zeichnungs-Elemente zu vermeiden und eine sinnvolle Höhe eingeben zu können.

2 Fundament-UK-Planum

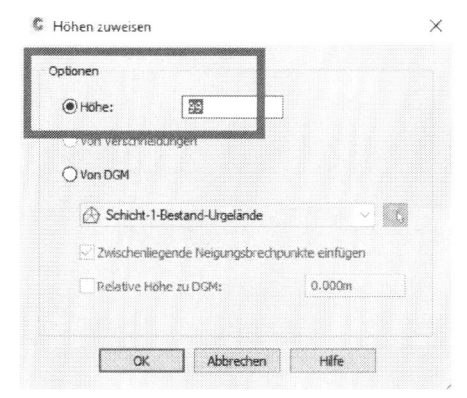

Als Höhe wird „99" vorgegeben. Die in dieser Situation vorgegebene Höhe ist dynamisch änderbar. So kann die Entscheidung zur Höhe diskutiert und variiert werden.

Die erstellte Elementkante kann mit der Funktion „Objekt in Höhenplan projizieren" (Kontext-Menü des Höhenplans) im Höhenplan dargestellt sein.

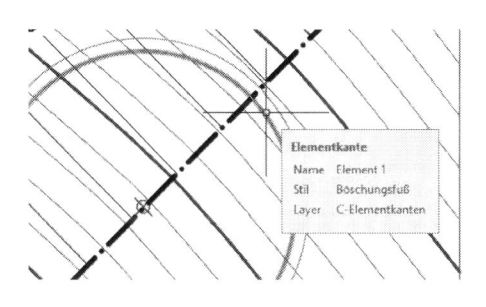

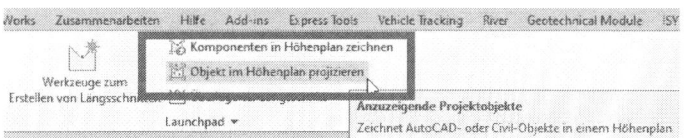

Hinweis1:

Für die Darstellung im Höhenplan kann wiederum ein separater Darstellungs-Stil ausgewählt werden. Der gewählte Darstellungs-Stil „Böschungsfuß" zeigt die Elementkante im Höhenplan in der Farbe „Cyan".

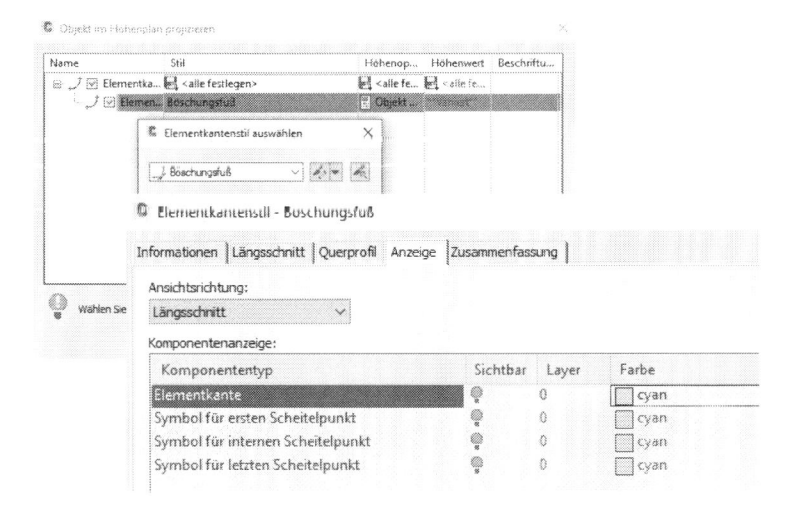

Hinwesi2:

Die Elementkante wird mit den Stützpunkten (blauer Gripp) in den Höhenplan projiziert. Das bedeutet die Darstellung ist in der gegenwärtigen Situation zu kurz. Sie entspricht nicht dem Durchmesser des Fundamentes (24m). Sie entspricht der Projektion der Elementkanten-Stützpunkte auf die Achse.

2 Fundament-UK-Planum

Höhenplan:

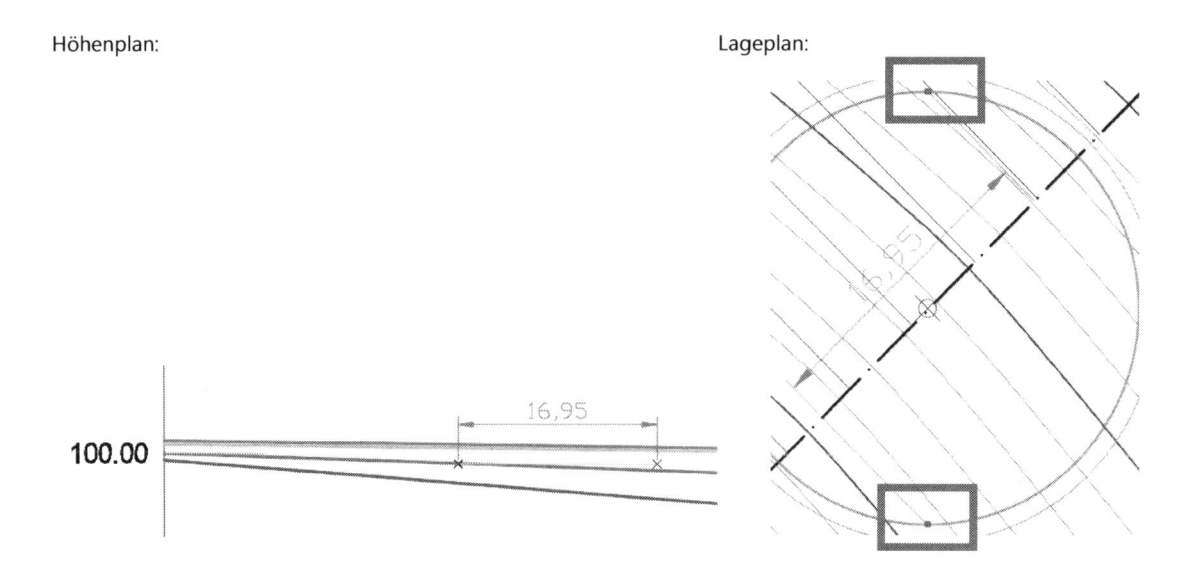

Lageplan:

Werden an den Schnittpunkten „Elementkante-Achse" zusätzliche „Höhenpunkte" eingefügt, so entspricht die Dimension der Projektion dem Fundament. Die einzugebende Höhe für die Höhenpunkte bleibt auf der Vorgabe „99".

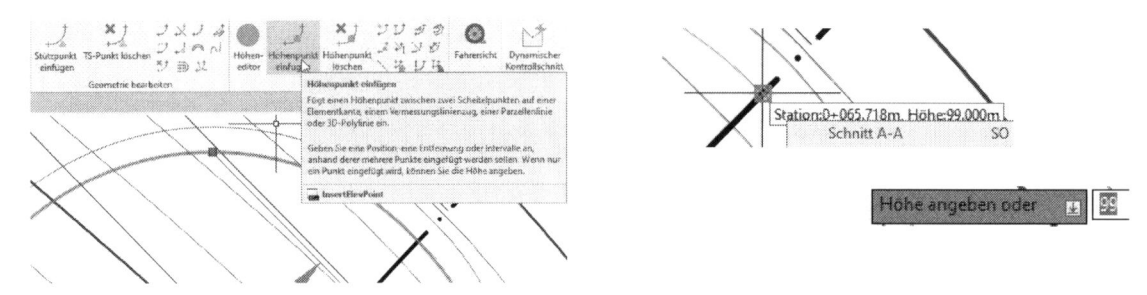

Die Ergänzung (Höhenpunkte) erfolgt auf beiden Seiten der Elementkante. Die Dimension entspricht jetzt dem Durchmesser des Fundaments.

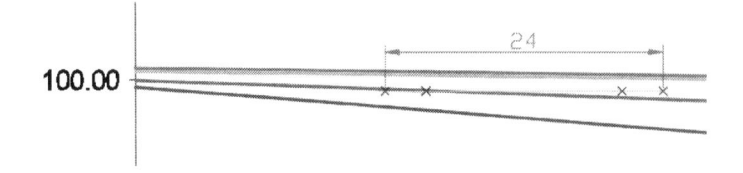

Mit dem Höheneditor kann die Höhe bearbeitet werden. Jede beliebige Höhe kann eingetragen sein. Die Elementkante wird unmittelbar reagieren.

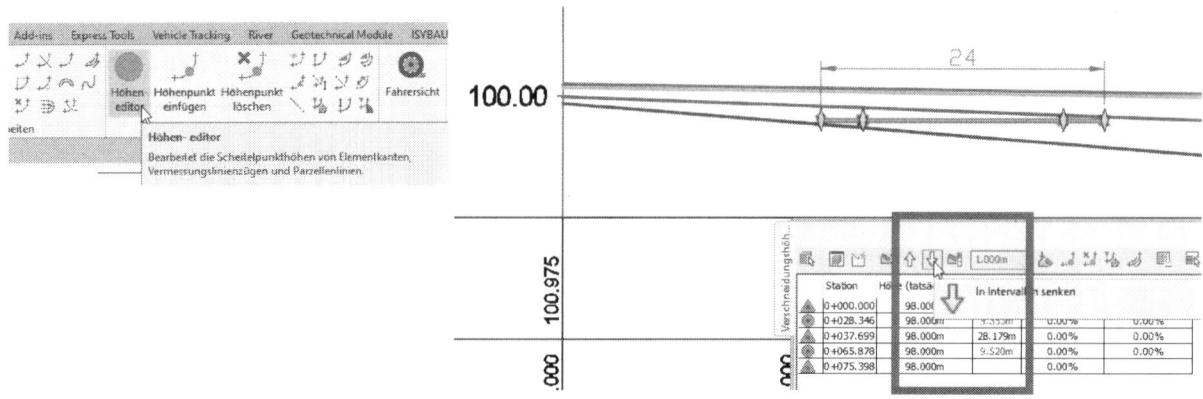

Die Höhe wird so weit reduziert, dass die Elementkante (Fundament-UK-Planum) die Schicht-4-tragfähiger Boden ungefähr in der Mitte schneidet.

2 Fundament-UK-Planum

Im Beispiel ist das bei einer Höhe von 96.6 mü.NN.

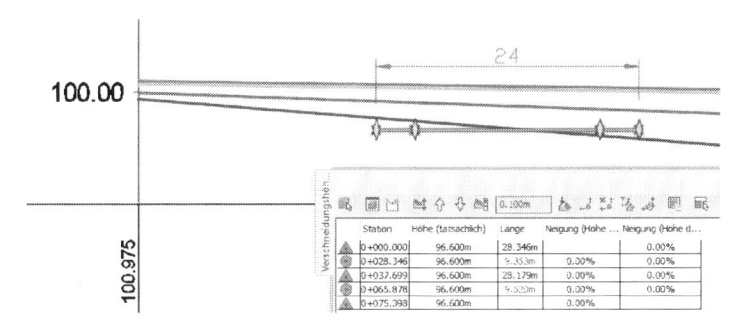

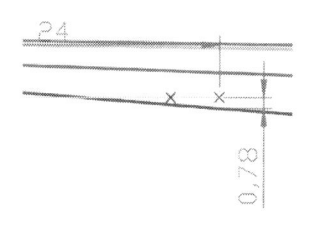

Bei der Annahme dieser Höhe ist eine Stufe von 0.8m in das Planum einzuarbeiten, damit alle Bereiche des Fundamentes auf tragfähigen Boden ruhen.

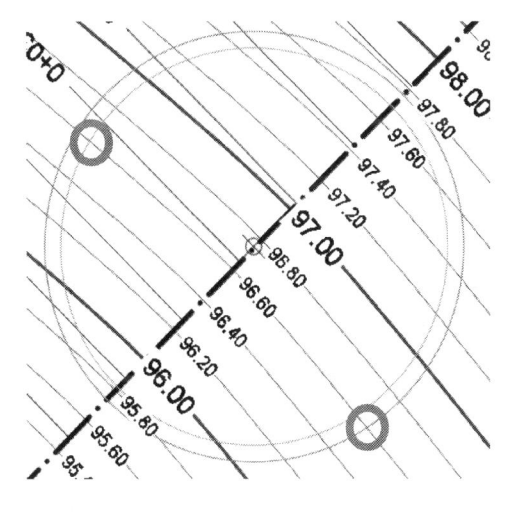

Das erneute Einblenden der Höhenlinien-Beschriftung ist jetzt von Vorteil. Die Höhe von 96.6 ist im Lageplan erkennbar.

Am Schnittpunkt Höhenlinie 96.6 und Elementkante-Fundament ist ein Höhenversatz von 0.8m einzuarbeiten.

Dazu werden rechts und links der Achse oberhalb des Schnittpunktes Fundamentlinie-Höhenlinie zwei Höhenpunkte gesetzt und es wird zuerst die vorgegebene Höhe beibehalten (96.6).

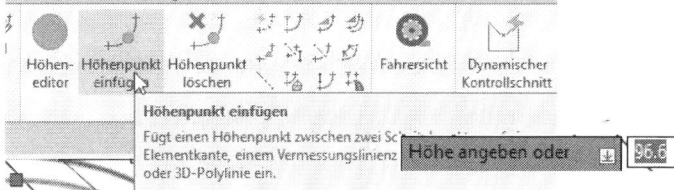

Hinweis:

Höhenpunkte sind Punkte, die die Line oder Linienrichtung nicht ändern. Höhenpunkte dienen nur dazu einen Höhenversatz oder Höhensprung einzuarbeiten.

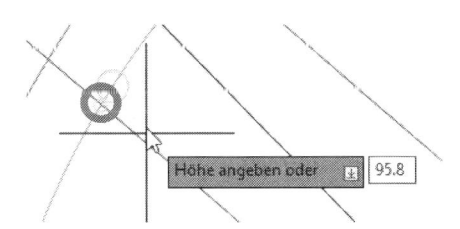

Auf den Schnittpunkt Fundamentlinie-Höhenlinie werden nochmals zwei Höhenpunkte eingefügt.

Die Höhe der neuen Schnittpunkte wird mit 95.8 (0.8 tiefer) angegeben. Anschließend ist darauf zu achten, dass alle Elementkantenbereiche im abgesenkten Abschnitt auch die Höhe von 95.8 haben.

2 Fundament-UK-Planum

Mit diesem Schritt ist eine horizontale Stufe erstellt.

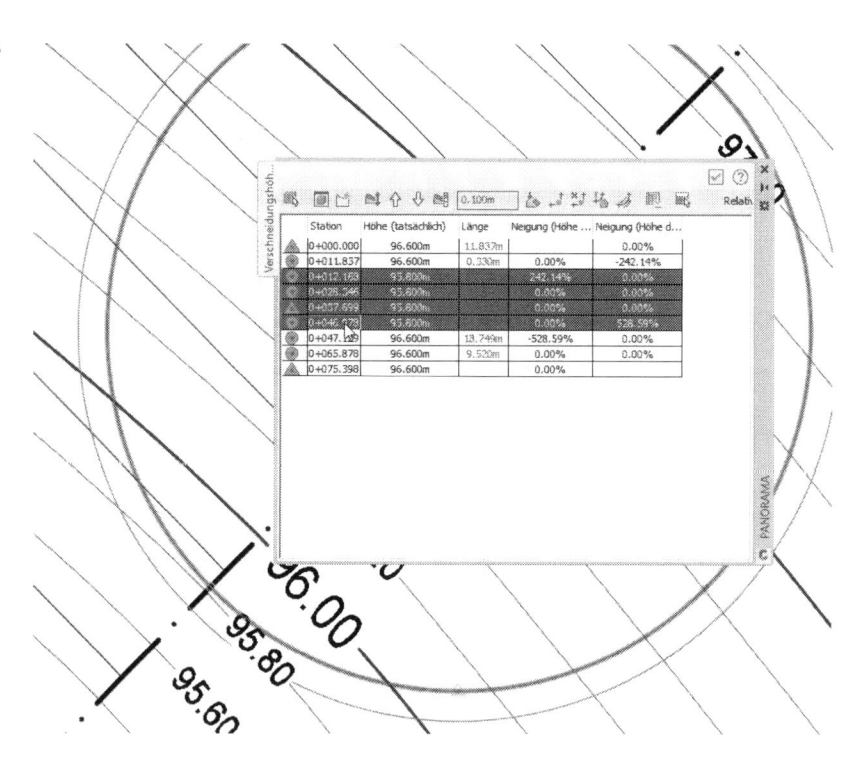

Die Stufe sollte unmittelbar nach der Änderung im Höhenplan sichtbar sein.

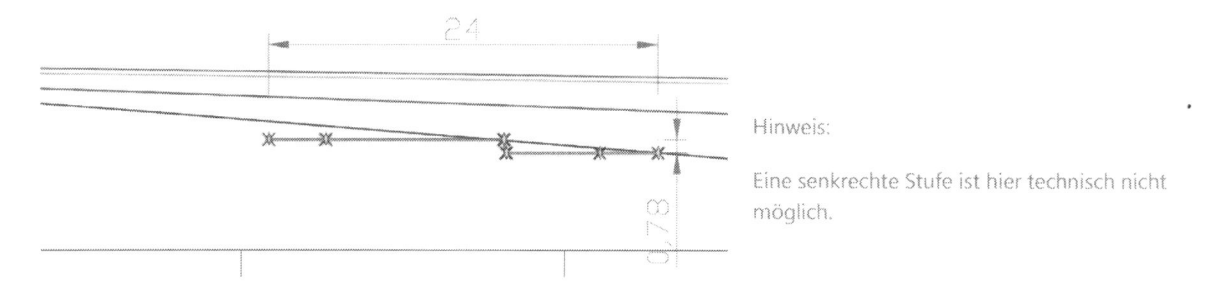

Hinweis:

Eine senkrechte Stufe ist hier technisch nicht möglich.

Auf der Basis dieser Vorgehensweise lassen sich eine oder mehrere Stufen mit frei definierbarem Höhenunterschied festlegen und einarbeiten.

Die Festlegung der Dimension für das Fundament ist die Voraussetzung für den Arbeitsraum und damit für den Aushub. Der Arbeitsraum lässt sich durch „Versetzten" der Elementkante des Fundamentes erstellen. Hierzu sind die Befehle der Elementkante (Elementkante-Kontext-Menü, 3D-Versatz) zu verwenden.

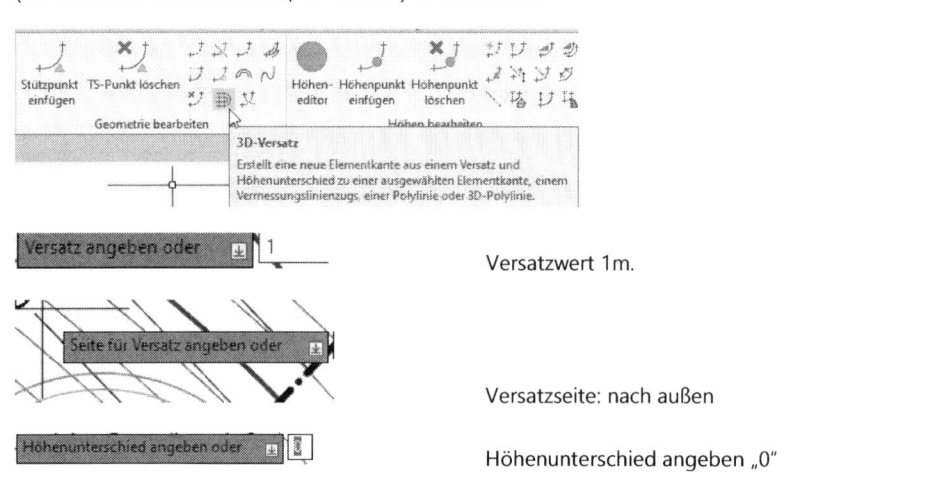

Versatzwert 1m.

Versatzseite: nach außen

Höhenunterschied angeben „0"

Die neue Elementkante ist deckungsgleich auf der 2D-Polylinie (Arbeitsraum). Die neue Elementkante lässt sich zur Kontrolle im Höhenplan einblenden. Es wird bewusst der Darstellungs-Stil „Elementkante" im Höhenplan gewählt. Die Farbe des Darstellungs-Stils „Elementkante" ist im Lageplan „schwarz/weiß".

2 Fundament-UK-Planum

Für die Beschreibung wurde auch für den Höhenplan die Farbe auf „schwarz/weiß" geändert. Im Original-Darstellungs-Stil „Elementkante" wäre diese „Cyan".

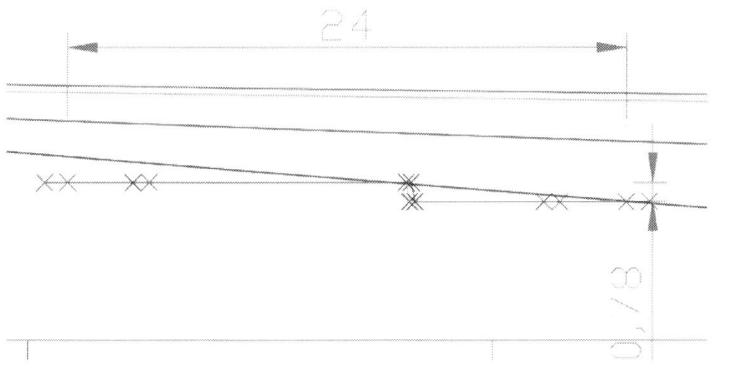

Beide Elementkanten sind deckungsgleich jedoch unterschiedlich lang.

Aufgrund der Abstufung und dem anschließenden Auffüllen der Stufe mit tragfähigem Schotter oder ähnlichem, kann es im Bereich der Auffüllung zu eine Böschungsbildung (Schotter) kommen. Es wird angenommen die zu berücksichtigende Böschung ist ca. 1:1. Das heißt der Arbeitsraum ist im Bereich der Stufe (0.8m tiefer liegender Bereich) um 0.8m zu verbreitern, um die Böschung der Aufschüttung (Schotter) im Arbeitsraum zu berücksichtigen.

Hierzu sollte die Elementkante „Arbeitsraum" im Bereich des Höhenversatz gebrochen-, der tiefer liegende Bereich „3D-Versatz" versetzt werden und anschließen mit „Elementkante erstellen" und Verbinden, wieder verbunden sein.

Diese Schritte sind erforderlich um eine geschlossene Elementkante als Voraussetzung für die spätere Verschneidung zu haben (Voraussetzung für ein DGM „Aushub" und die Mengenberechnung).

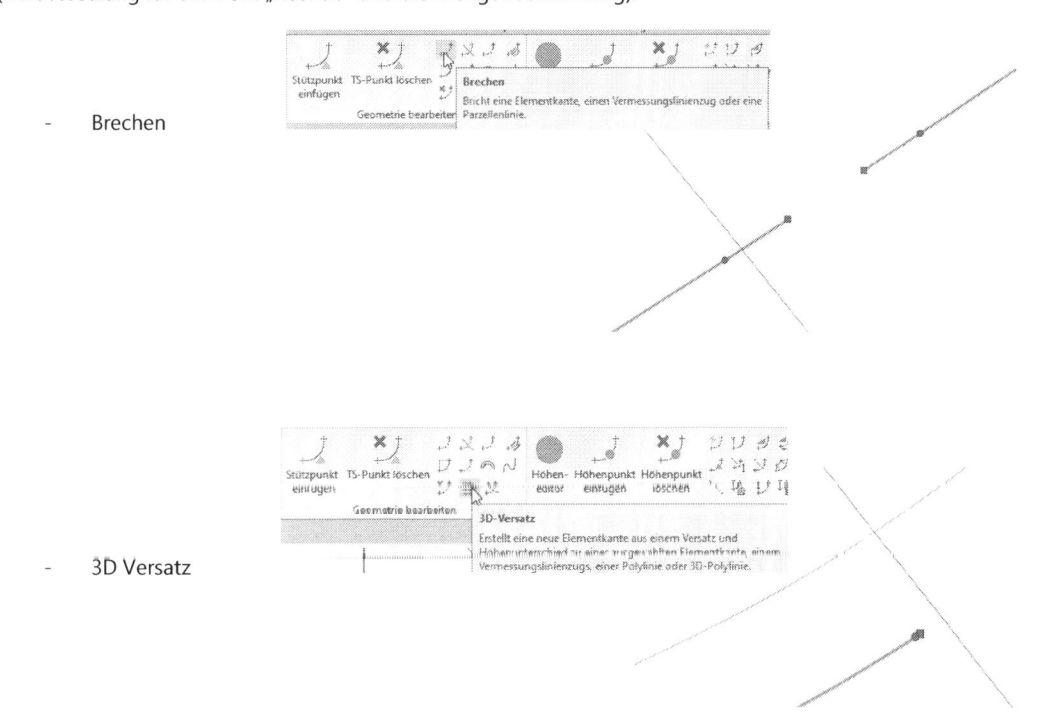

- Brechen

- 3D Versatz

Das Ausgangselement wird gelöscht, es kann in diesem Fall kann mit AutoCAD-Löschen gelöscht werden.

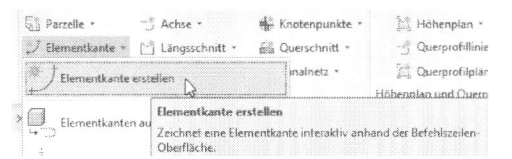

- Elementkante erstellen

Die Vorgaben bleiben beibehalten. Die Höhenangaben werden bestätigt.

2 Fundament-UK-Planum

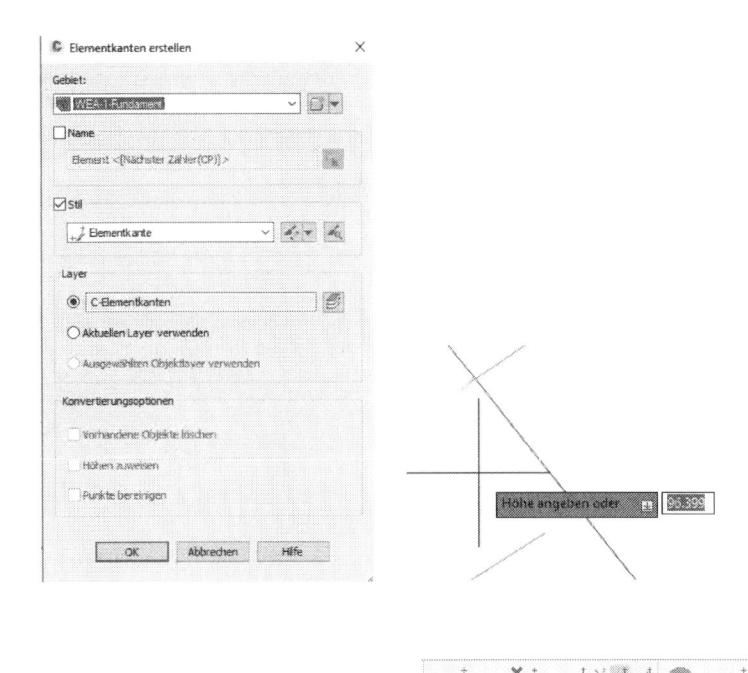

- Verbinden

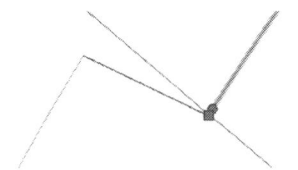

Eine Darstellung im Höhenplan ist möglich und zur Kontrolle empfehlenswert.

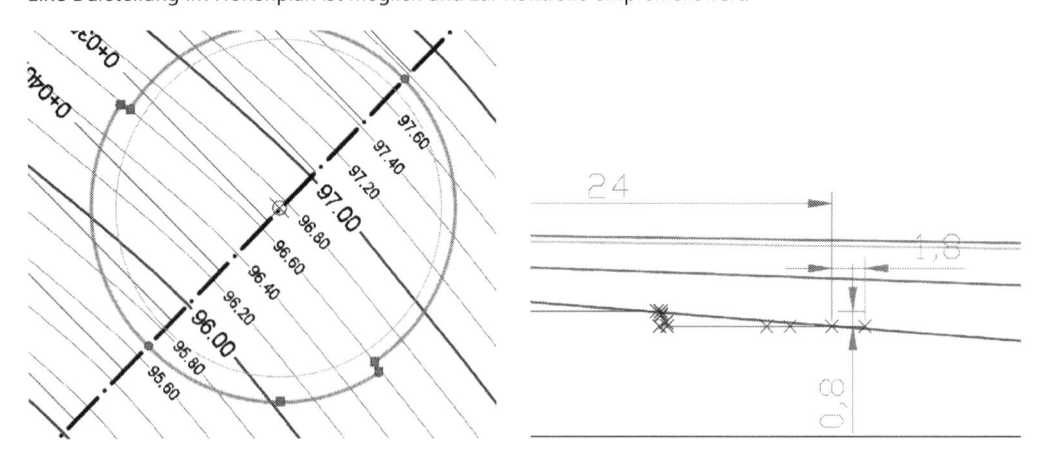

Auf dieser Basis kann die Berechnung der Böschung für den Aushub erfolgen. Der nächste Schritt ist die Verschneidung. Verschneidung ist Böschungskonstruktion. Diese Böschung ist wiederum die Voraussetzung für ein Verschneidungs-DGM und die spätere Mengenberechnung (Volumen).

Um die nächsten Funktionen deutlich in den Bildern zu zeigen, werden die Beschriftung der Achse und der Höhenlinien ausgeschalten (Layer frieren).

2.2 Verschneidung

Elementkante und Verschneidung müssen in einem gemeinsamen „Gebiet" angelegt sein („Gebiet" kann auch als Ordner verstanden werden). Optional kann eine Elementkante nach der Erstellung in ein anderes „Gebiet" verschoben oder kopiert werden.

Für den nächsten Schritt wird die erarbeitete, neue Elementkante in ein neues Gebiet „WEA-1-Aushub" verschoben.

2 Fundament-UK-Planum

Eine Verschneidung wird erstellt.

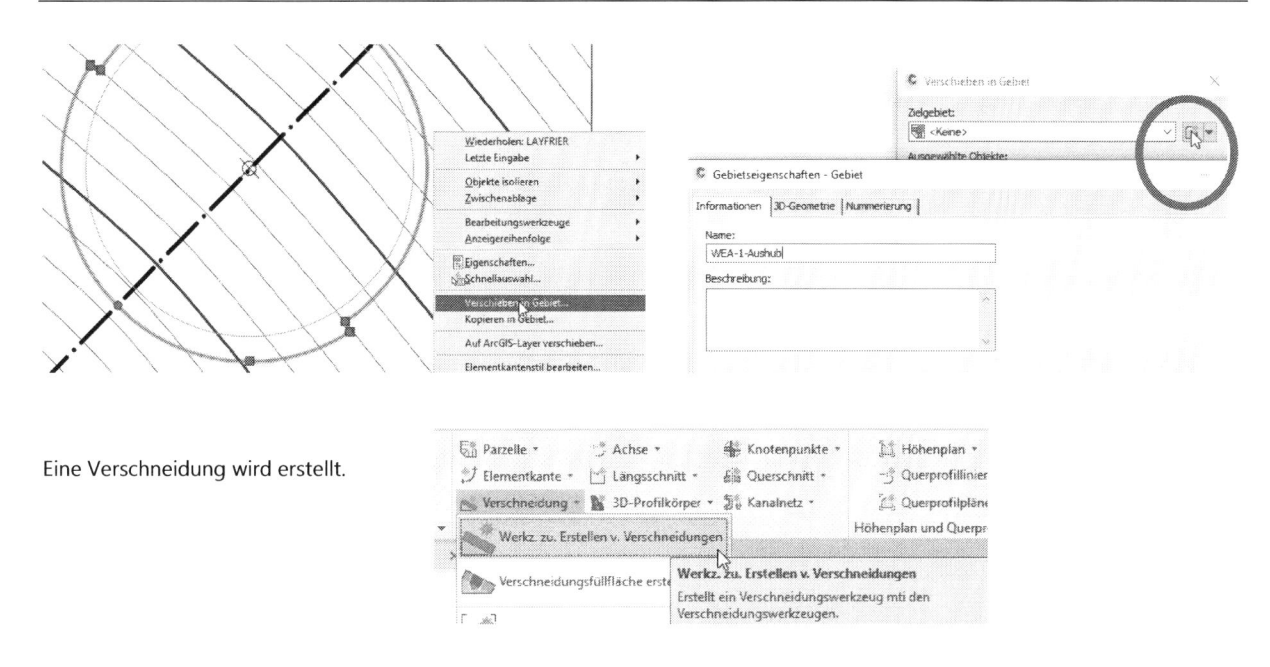

Eine Verschneidungsgruppe wird angelegt (Das Objekt Verschneidung wird definiert). Es wird darauf geachtet, dass die Verschneidung im gleichen Gebiet „WEA-1-Aushub" angelegt ist.

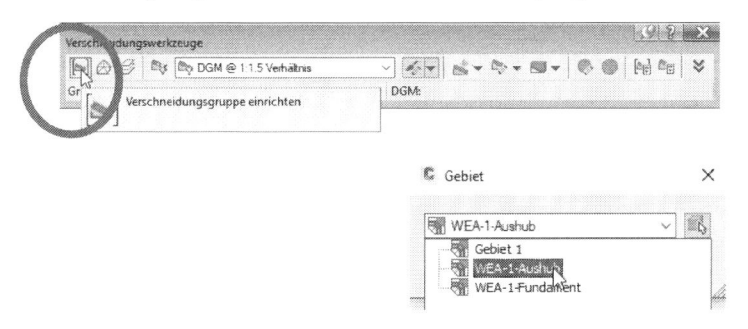

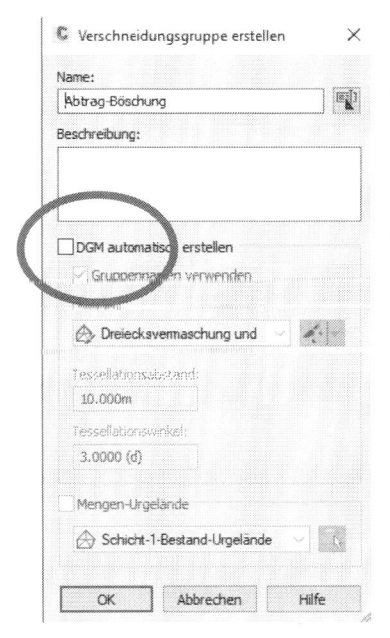

Als „Name" wird „Abtrag-Böschung" vorgeschlagen, denn die Verschneidung ist die Böschungskonstruktion.

Die Option „DGM automatisch erstellen" wird in dieser Phase noch nicht gewählt. Es kann in der Elementkante Probleme geben oder in der Verschneidung zu Problemen kommen, die ohne DGM besser zu erkennen sind.

Es ist das „Ziel-DGM" für die Böschung auszuwählen. Alle DGMs sind gleichberechtigt wählbar.

2 Fundament-UK-Planum

Für die Beschreibung wird „Schicht-2-Mutterboden" gewählt.

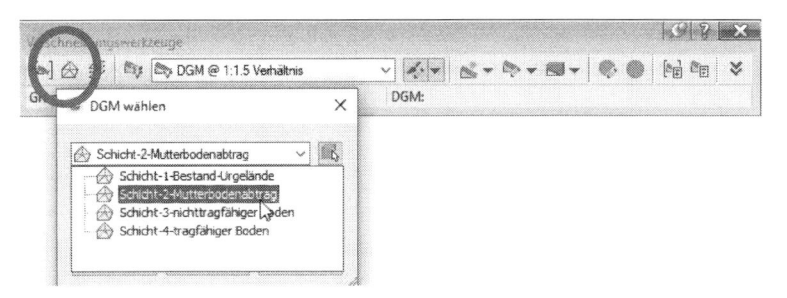

Die Funktion zur Gestaltung der Böschung ist festzulegen. Es wird 1:1 zum DGM gewählt.

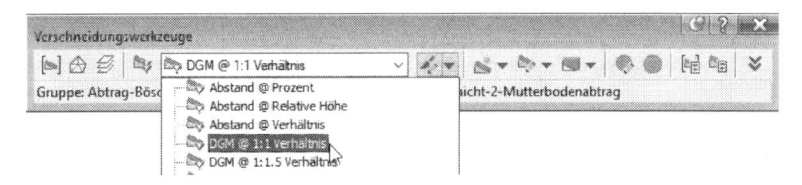

Es folgt die Auswahl des eigentlichen Konstruktions-Befehls „Verschneidung erstellen".

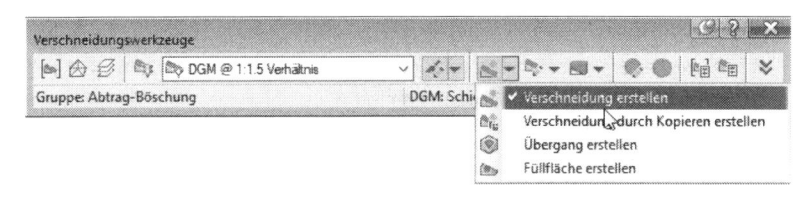

Der Befehl verlangt die Auswahl der Elementkante. Die Funktion wird nur fortgesetzt, wenn Verschneidung und Elementkante im gleichen Gebiet angelegt sind.

Es folgen die Schritte, Auswahl der Verschneidungsseite, es wird „außen" festgelegt. Die folgende Frage wird mit „Ja" beantwortet, ob auf der gesamten Länge eine Verschneidung erstellt werden soll.

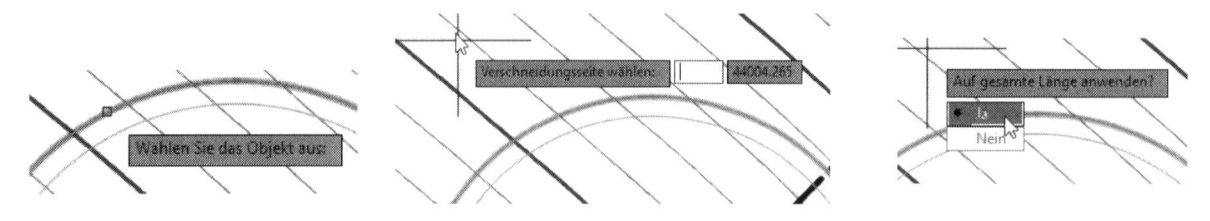

Die Verschneidung ist erstellt und liegt als 2- und 3D-Objekt vor.

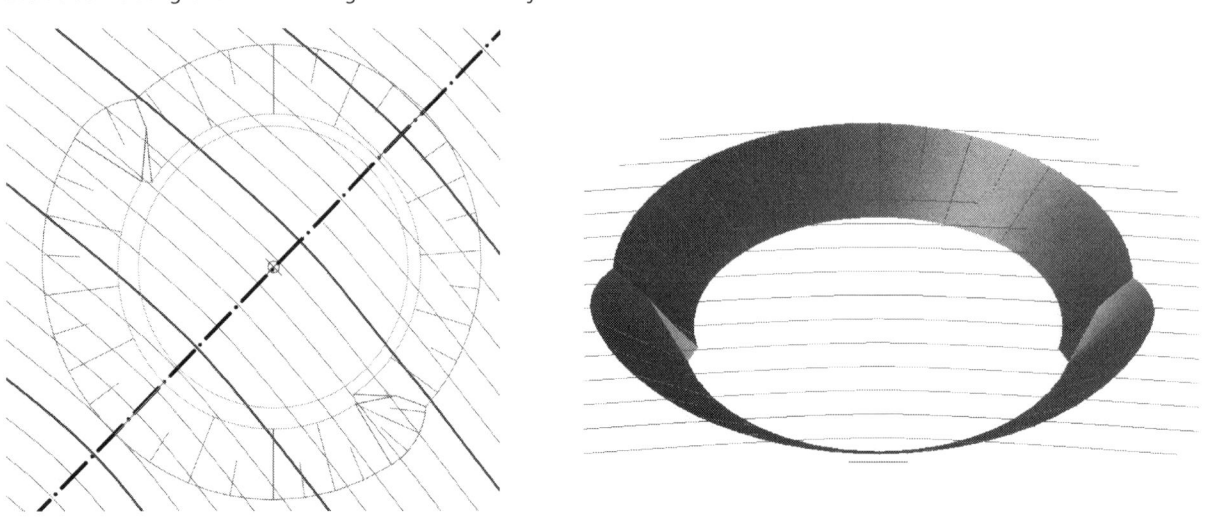

2 Fundament-UK-Planum

Jede horizontale- oder annähern horizontale Fläche einer Verschneidung ist mit der Funktion „Füllfläche erstellen" zu schließen. Die Funktion ist in der „...Deutschland.dwt", der deutschen Version ohne Symbol, das heißt ohne DGM ist die erstellte „Füllfläche" (die mit Verschneidung geschlossene Fläche) Im Lageplan nicht zu erkennen. Diese Füllfläche ist jedoch für die spätere Massenberechnung von fundamentaler Bedeutung.

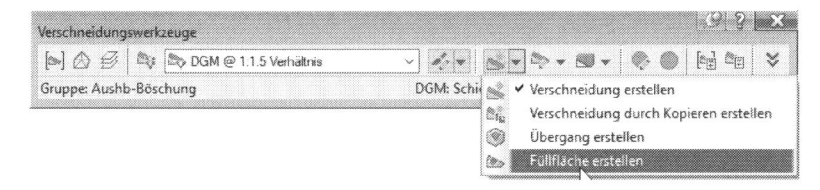

Wird die Maus in die zu füllende Fläche geführt, so wird die Elementkante „hervorgehoben", die das Erstellen einer Füllfläche zulässt.

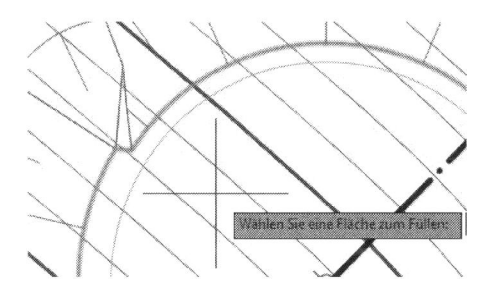

Die Auswahl ist mit „Enter" zu bestätigen. Die erstellte Füllfläche der Verschneidung ist eher nur im 3D zu erkennen. Die 3D-Darstellung befähigt jedoch noch nicht zu Mengenberechnung (Volumen).

Für eine Mengenberechnung ist ein DGM zu erstellen, welches in diesem Sonderfall noch „Bruchkanten" benötigt, um die Stufe deutlich herauszuarbeiten.

3 Abtrag-, Aushub-Volumen, Verschneidung-DGM

3.1 Abtragsvolumen (Verschneidungseigenschaft)

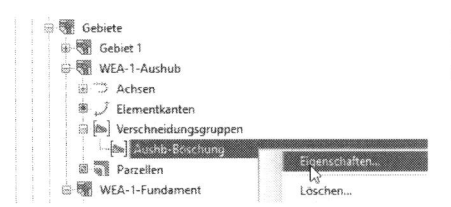

Das Verschneidungs-DGM (das eine Mengenberechnung ermöglicht) kann nach erstellter Verschneidung als Verschneidungs-Eigenschaft ergänzt werden.

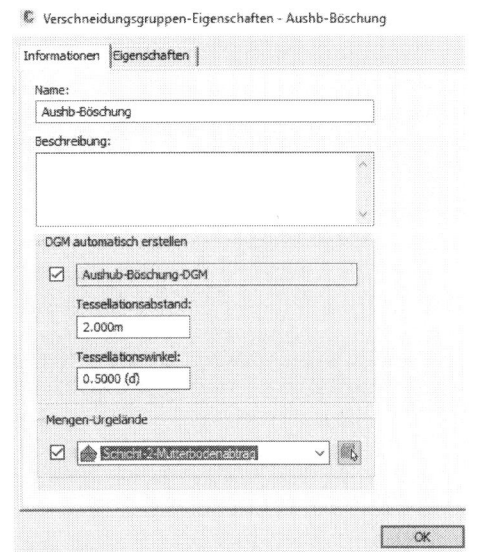

Mit dem Anklicken der Funktion „DGM automatisch erstellen" erscheint eine Maske die einen DGM-Namen und Darstellungs-Stil verlangt.

Es wird empfohlen eine Namens-Ergänzung („-DGM") und den Darstellungs-Stil „Dreiecksvermaschung und Umring – Rot (2014)" zu wählen.

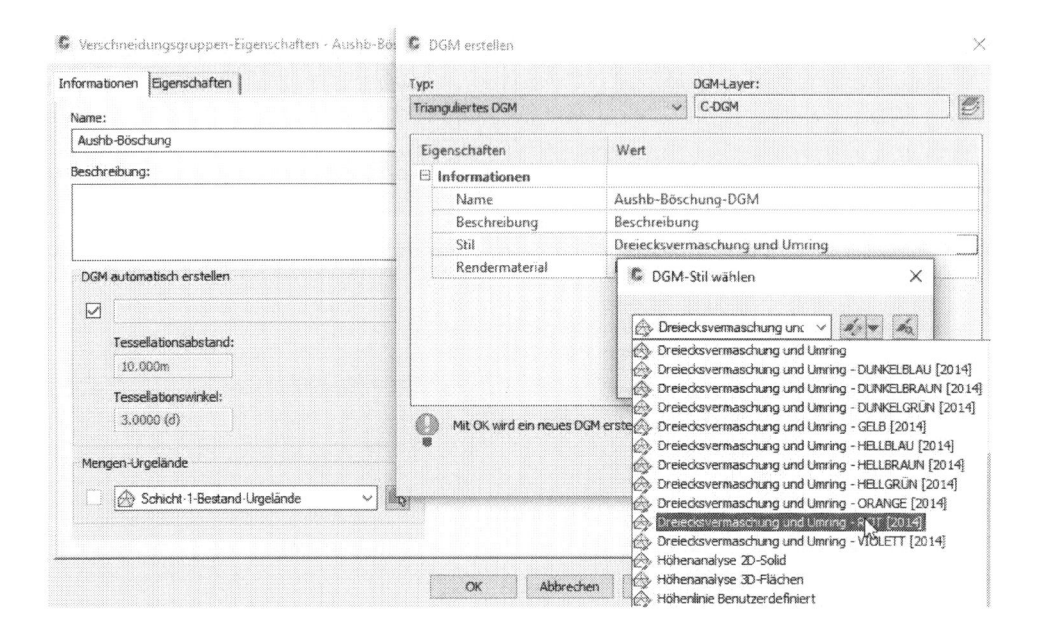

Die Einstellung von Tesselations-Abstand und Tesselations-Winkel sind Erfahrungswerte. Tesselations-Abstand und Tesselations-Winkel beschreiben den Abstand und den Winkel in dem Dreiecksmaschen an die Verschneidung herangerechnet werden.

3 Abtrag-, Aushub-Volumen, Verschneidung-DGM

Hinweis:

Dreiecksmaschen sind gerade und nicht als Bogen ausgeführt. Das errechnete DGM kann sich nur dem runden Fundament annähern, es annähernd rund beschreiben, wenn die Dreiecke des DGMs schmal sind.

Für den runden Arbeitsraum ist der Tesselations-Abstand und -Winkel von Bedeutung. Er wird auf 2.0 m und 0.5gon gesetzt.

Um als Bestandteil der Verschneidung eine Mengenberechnung ausführen zu können, ist das obere DGM, das die Menge begrenzende DGM auszuwählen. Es wird als Bezugshorizont „Schicht-2- Mutterboden-Abtrag" angenommen.

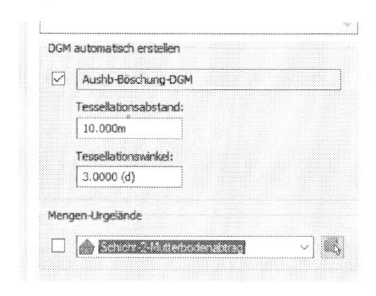

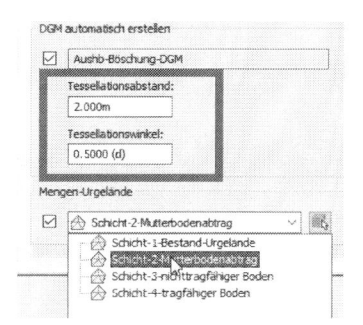

Mit dem erstelltem DGM steht als Bestandteil des Funktionsumfangs „Verschneidung" eine Mengenberechnung zur Verfügung (Verschneidungs-Mengenwerkzeuge).

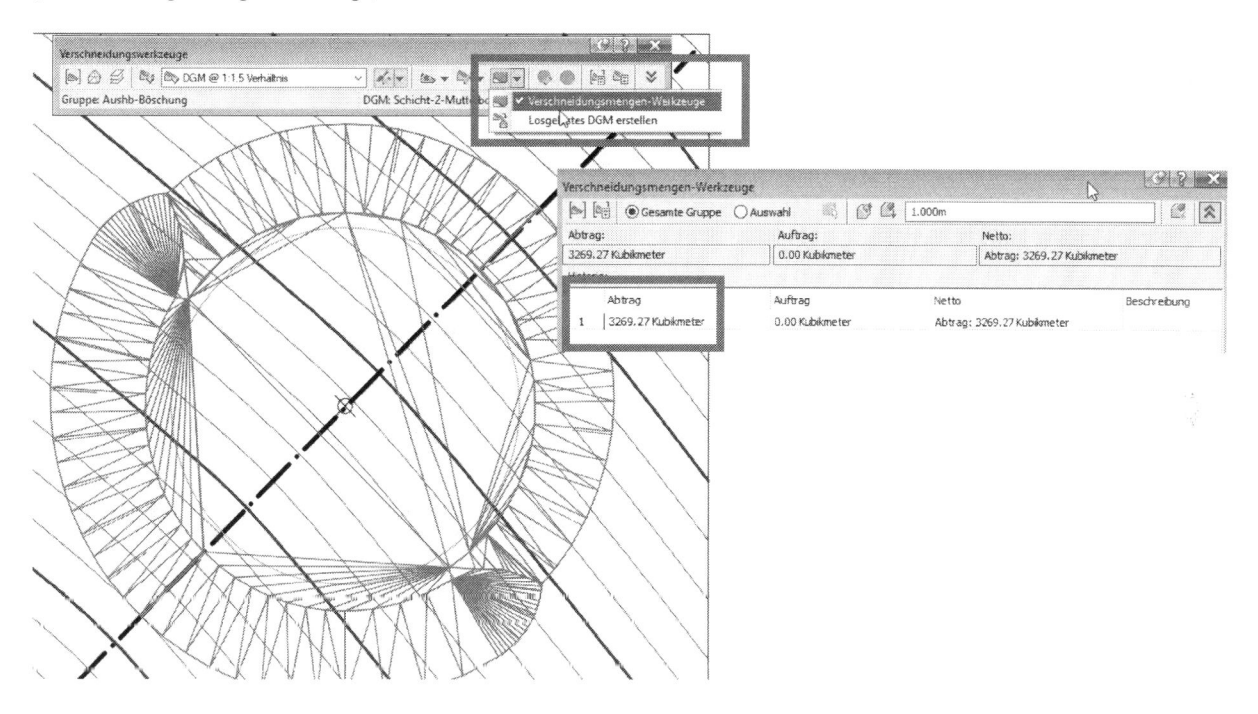

Die Funktion der Mengenberechnung sagt nichts über die Richtigkeit des erstellten DGMs aus. Die Richtigkeit ist im Höhenplan zu kontrollieren. Das neue DGM (Verschneidungs-DGM) kann mit der Funktion „Geländelängsschnitt erstellen" in den Höhenplan eingetragen sein.

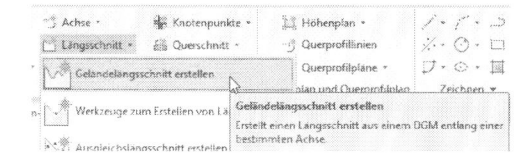

3 Abtrag-, Aushub-Volumen, Verschneidung-DGM

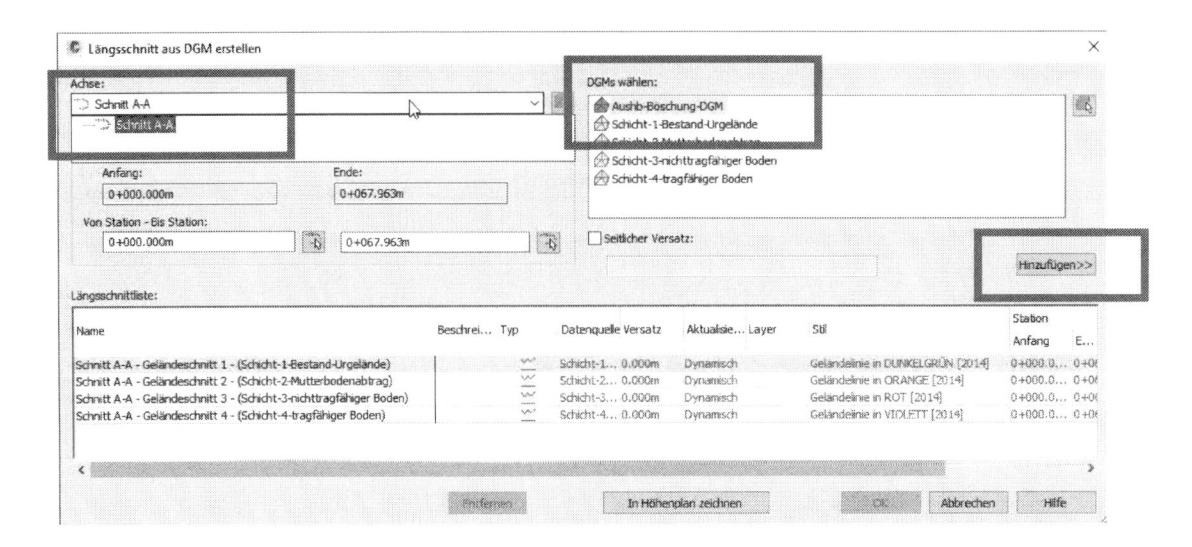

Um dieses neue DGM deutlich im Höhenplan zu erkennen, wird die bewusste Auswahl eines Darstellungs-Stils empfohlen. Im Beispiel wird „Geländelinie in ROT [2014] gewählt.

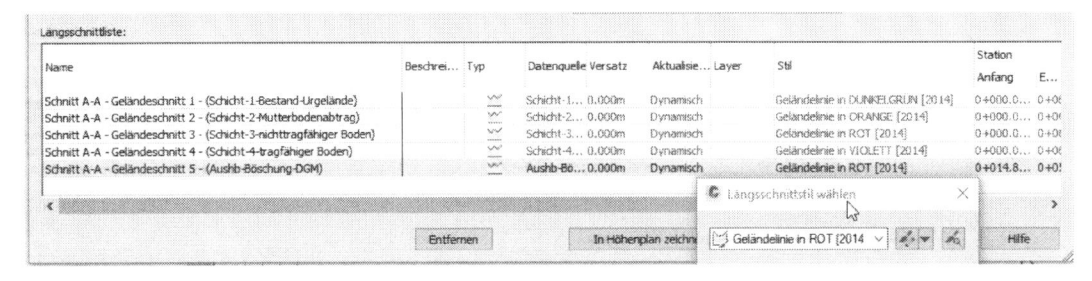

Der Knopf „OK" ist ausreichend und die Linie ist im Höhenplan eingetragen.

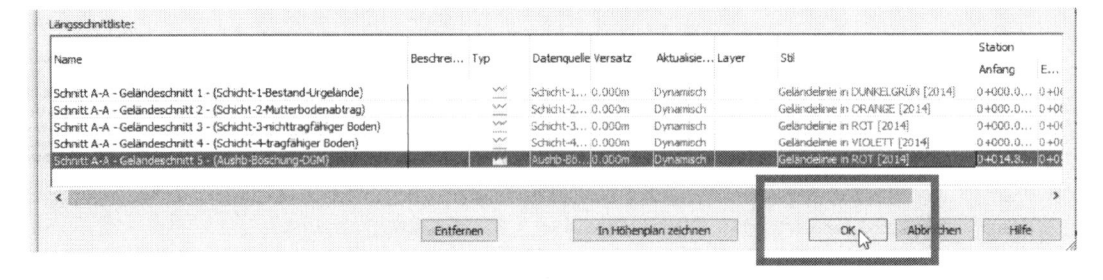

Die Linie ist eingetragen, beschreibt jedoch nicht die Stufe, also ist die Mengenberechnung nicht korrekt!

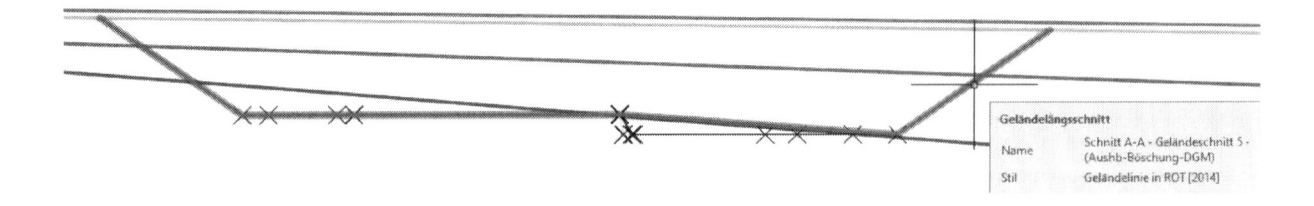

Die Korrektur erfolgt mit dem Hinzufügen von „Bruchkanten". Die Funktion „Bruchkanten" erzwingt eine Ausrichtung der Dreiecksmaschen, so dass die Stufe herausgearbeitet ist und die Mengenberechnung angepasst wird. Die Mengenberechnung ist sofort dynamisch aktualisiert.

3 Abtrag-, Aushub-Volumen, Verschneidung-DGM

Die Funktion Bruchkanten ist Bestandteil des DGMs (hier „Aushub-Böschung-DGM"). Vor dem Aufruf der Funktion ist die „Bruchkante" zu zeichnen, anschließend erfolgt die Zuweisung.

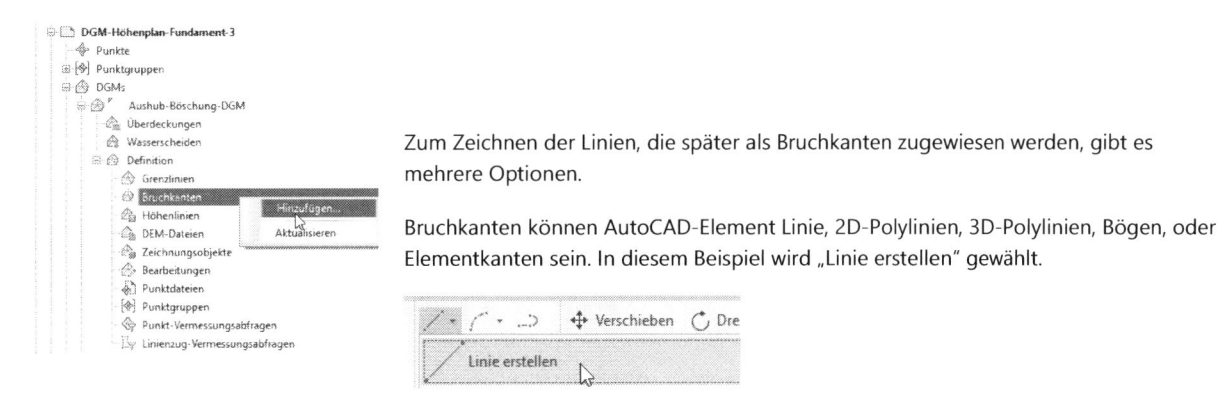

Zum Zeichnen der Linien, die später als Bruchkanten zugewiesen werden, gibt es mehrere Optionen.

Bruchkanten können AutoCAD-Element Linie, 2D-Polylinien, 3D-Polylinien, Bögen, oder Elementkanten sein. In diesem Beispiel wird „Linie erstellen" gewählt.

Die „Linien" werden gezeichnet, indem die Ecken (Stufe) des Arbeitsraumes zu fangen sind. Als Linien-Eigenschaft sollte die gefangene Höhe, Höhe der Stufe nachweisbar sein.

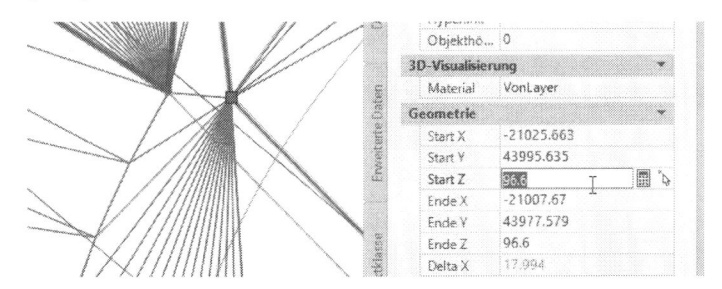

Unter dieser Voraussetzung erfolgt die Zuweisung zum DGM als Bruchkante. Die Zuweisung erfolgt mit der Standardeinstellung. Es sind keine Änderungen erforderlich. Im Feld „Beschreibung" wird empfohlen einen Hinweis zum Layer einzutragen. Das ist jedoch nur eine Option.

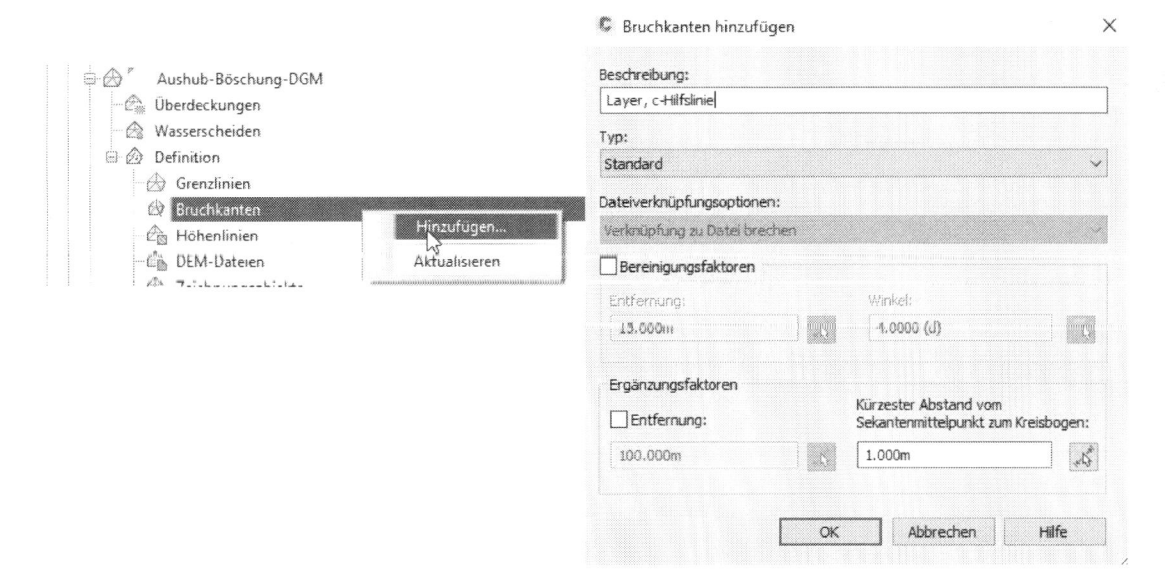

Die Richtung der Dreiecksmaschen ändert sich. Die Mengenberechnung ist ebenfalls geändert.

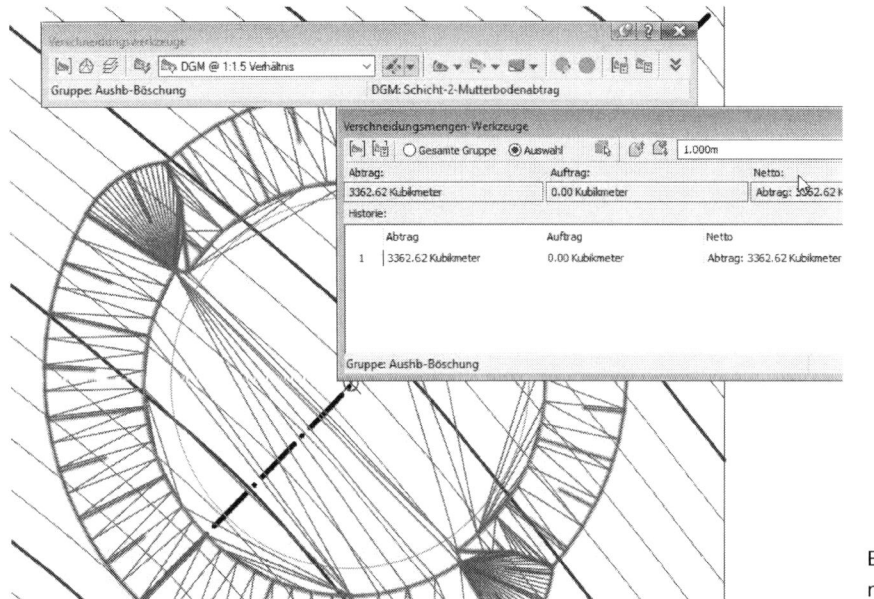

Eine Stufe ist im Höhenplan nachweisbar.

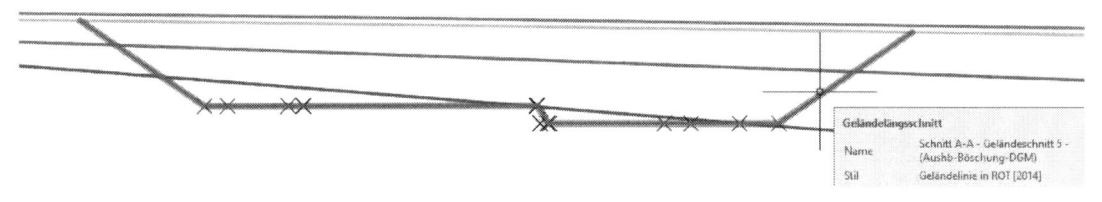

Hinweis:

Senkrechte Stufen einzuarbeiten, ist im Civil 3D technisch möglich und wird im Rahmen dieser Beschreibung auch gezeigt. An dieser Stelle wird empfohlen eine leichte Neigung in der Stufe zu akzeptieren.

Das erstellte Verschneidung-DGM „Aushub-Böschung-DGM" wird innerhalb der DGM-Eigenschaften auf den Darstellungs-Stil „Umring" gesetzt, um die weiteren Schritte deutlich in den Bildern zu zeigen.

3.2 Verschneidung-DGM, Auffüllung „Stufe"

3.2.1 Elementkante

Die hergestellte Stufe ist mit geeignetem Material (Schotter) aufzufüllen. Auf diese Fläche wird anschließend die Sauberkeitsschicht aufgebaut.

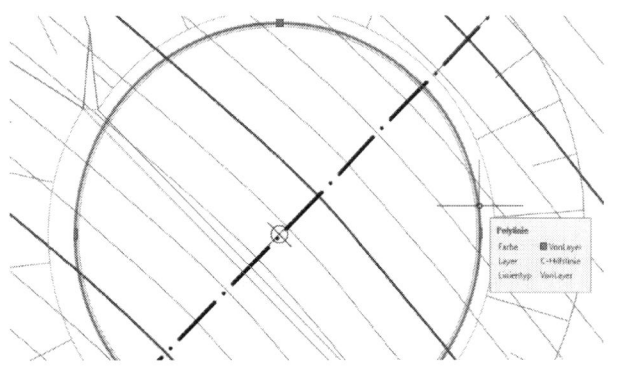

Die Sauberkeitsschicht ist 0.1m breiter als das Fundament. Es wird angenommen, dass der Schotter nochmals 0.1m breiter als die Sauberkeitsschicht aufzubauen ist, um die Last entsprechend abzufangen.

Es wird ein Kreis mit 12.2m gezeichnet und der Kreis mit MAPCLEAN in eine 2D-Polylinie umgewandelt.

Die 2D-Polylinie wird an der oberen Bruchkante (Linie) gebrochen (innere, rechte Seite). Der rechte Teil der 2D-Polylinie wird gelöscht und der verbliebene linke Teil der kreisförmigen 2D-Polylinie mit einer Linie verbunden, so dass ein Halbmond entsteht, der den Schotter-Bereich beschreibt.

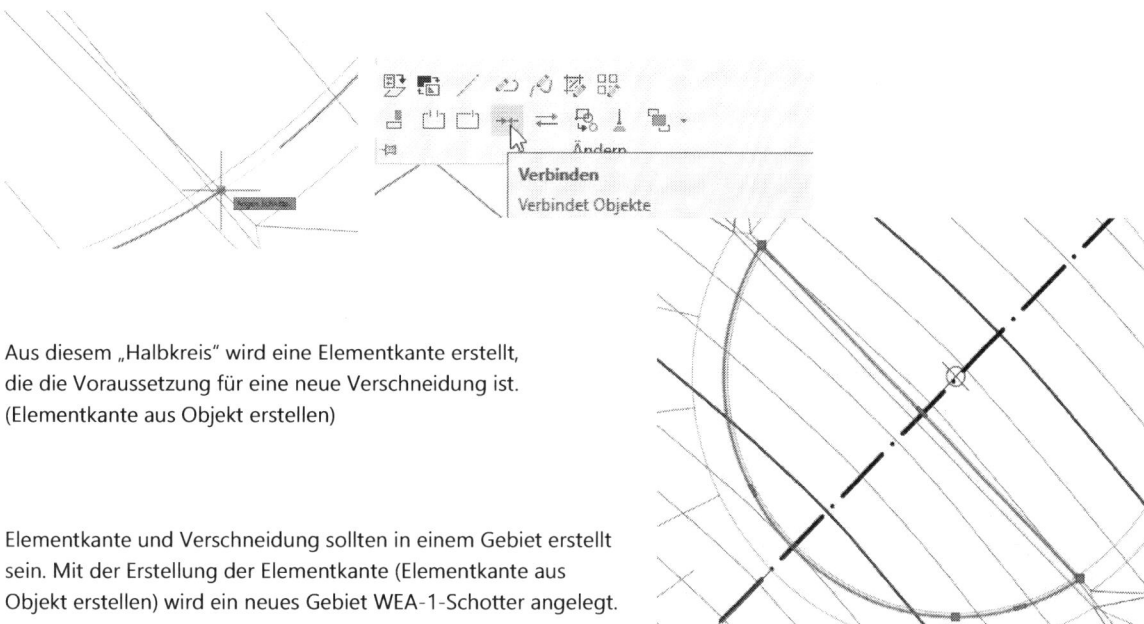

3 Abtrag-, Aushub-Volumen, Verschneidung-DGM

Aus diesem „Halbkreis" wird eine Elementkante erstellt, die die Voraussetzung für eine neue Verschneidung ist. (Elementkante aus Objekt erstellen)

Elementkante und Verschneidung sollten in einem Gebiet erstellt sein. Mit der Erstellung der Elementkante (Elementkante aus Objekt erstellen) wird ein neues Gebiet WEA-1-Schotter angelegt. Die Option „Höhen zuweisen" wird aktiviert. Die Elementkante wird auf der Höhe 96.6 mü.NN erstellt.

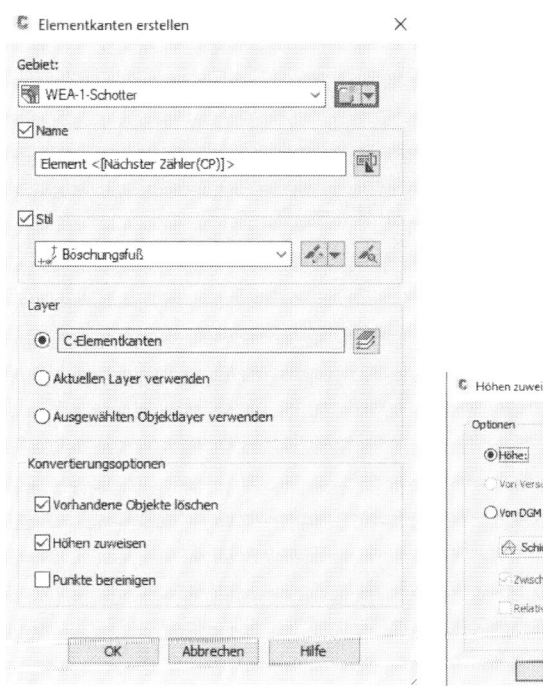

Die Höhen der neuen Elementkante werden im Höheneditor kontrolliert. Die erstellte Elementkante ist die Voraussetzung für die nächste Verschneidung.

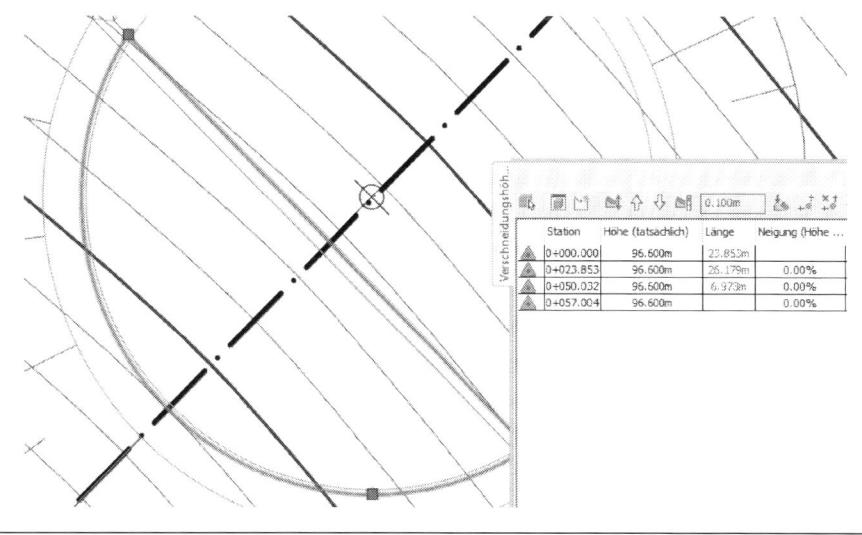

3.2.2 Verschneidung

Die Verschneidung beginnt mit der Objektdefinition (Verschneidungsgruppe einrichten) und dem Anlegen im Gebiet der Elementkante.

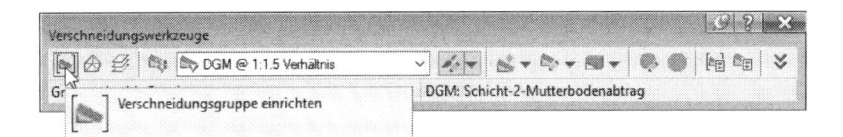

Die Option „DGM automatisch erstellen" wird diesmal aktiviert. Es werden der Tesselations-Abstand und -Winkel herabgesetzt und es wird als Ziel für eine optionale Mengen-Berechnung das DGM „Aushub-Böschung-DGM" angegeben.

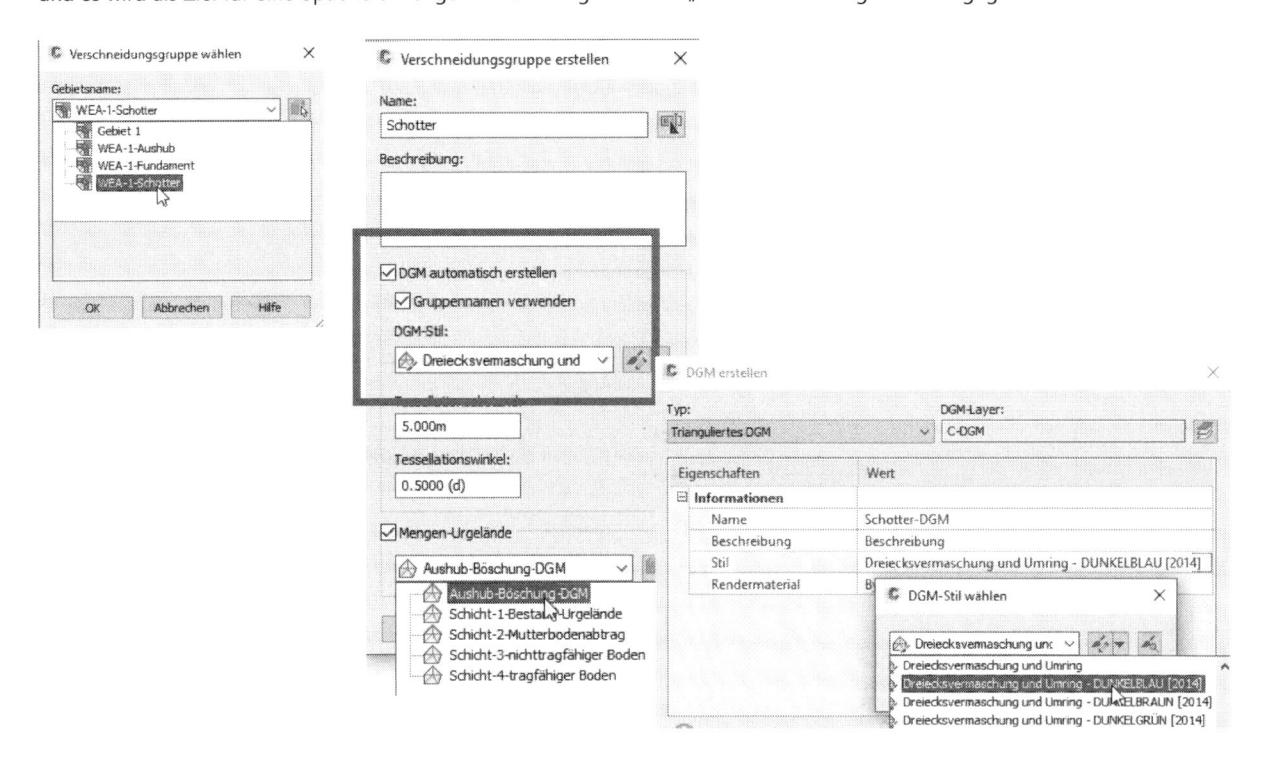

Das Ziel-DGM des Verschneidungs-Befehls ist anzugeben.

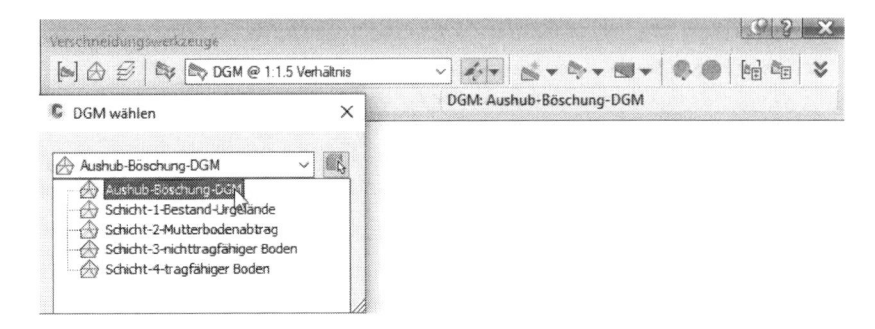

Die Parameter des Befehls „Verschneidung" sind festzulegen.

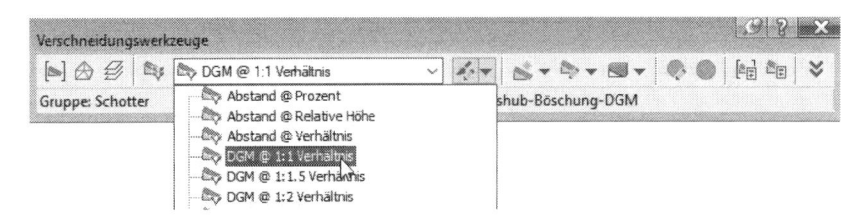

3 Abtrag-, Aushub-Volumen, Verschneidung-DGM

Der Befehl wird ausgeführt.

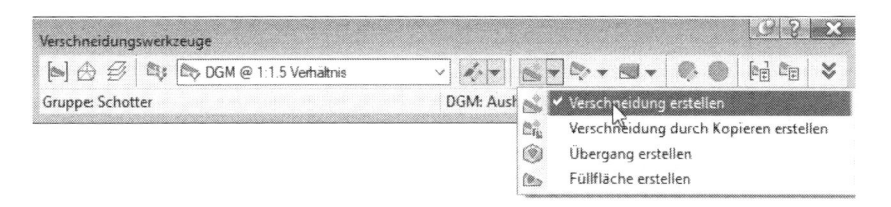

Bei der Ausführung des Befehls wird nach der Auswahl der Elementkante und der Verschneidungsseite, bei der Option „Auf die gesamte Länge anwenden", JA gewählt.

```
Wählen Sie das Objekt aus:
Verschneidungsseite wählen:
Auf gesamte Länge anwenden? [Ja/Nein] <Ja>:
Verschneidungskriterien:   DGM @ 1:1.5 Verhältnis
```

Die nächste Verschneidung und das nächste Verschneidungs-DGM sind erstellt.

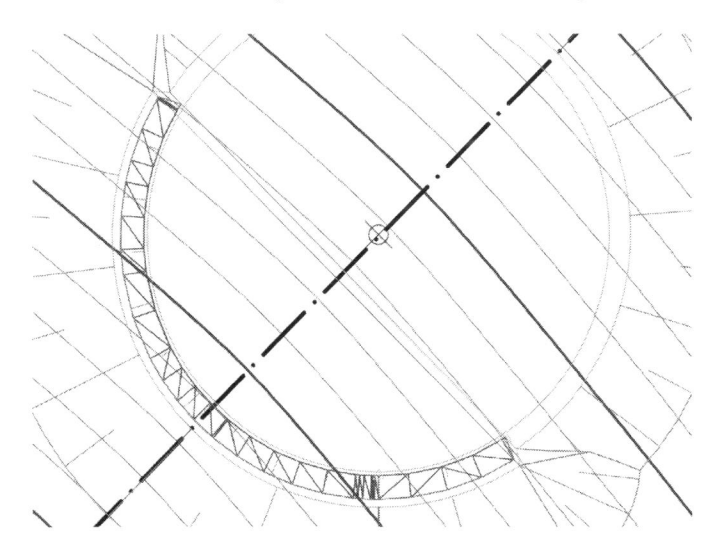

Im Fall einer Mengenberechnung ist die Funktion (Verschneidung) mit dem Befehl „Füllfläche erstellen" abzuschließen.

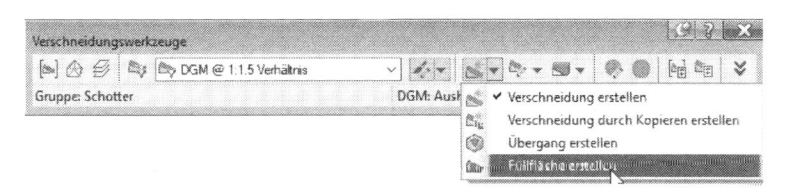

2D Darstellung 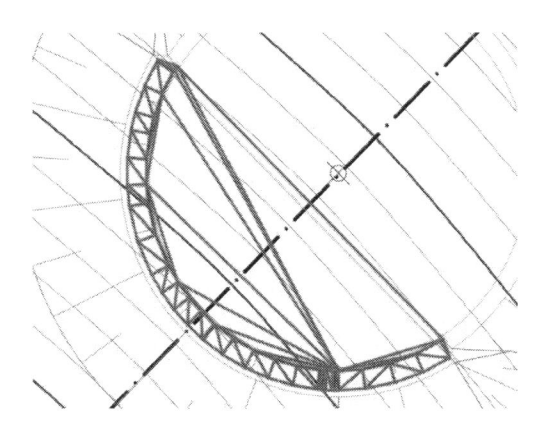   3D Darstellung

Das erstellte DGM „Schotter-DGM" sollte im Höhenplan kontrolliert werden.

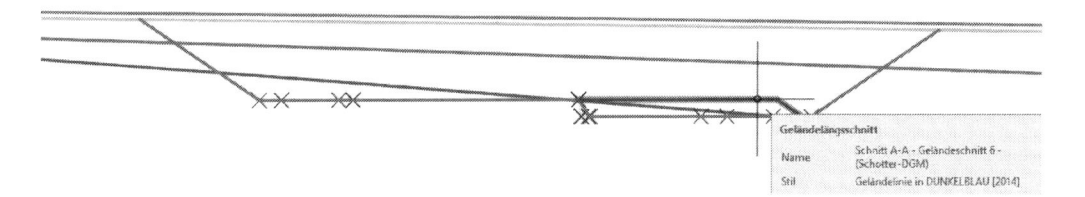

Das erstellte DGM „Schotter-DGM" befähigt zu einer weiteren Mengenberechnung.

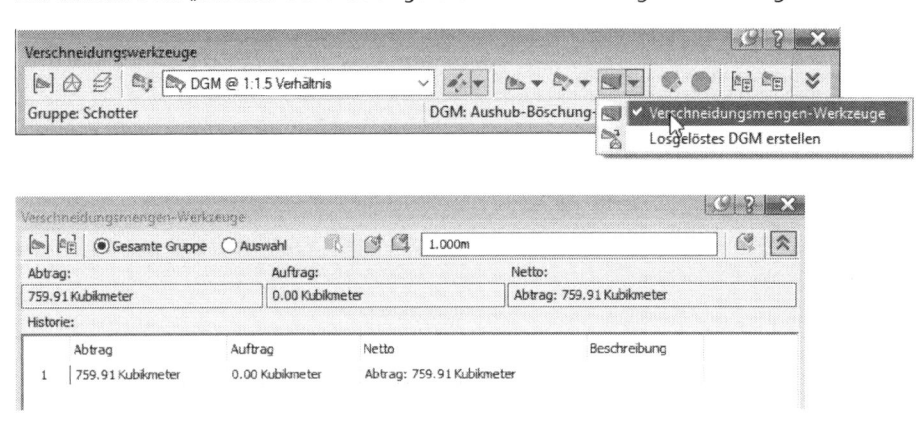

Hinweis:

Die „Verschneidungsmengen-Werkzeuge" sind nur eine Option die Menge als „Zahl" zu erstellen. In den folgenden Kapiteln wird eine weitere Option vorgestellt.

3.3 Sauberkeitsschicht

Die Sauberkeitsschicht mit der Höhe von 0.1m verlangt nicht unbedingt nach einer Böschungskonstruktion. Da die Form der Sauberkeitsschicht einem einfachen Zylinder entspricht, könnte man die Menge auch ohne Civil 3D berechnen. Zum Beispiel wäre auch ein AutoCAD-Volumenkörper geeignet.

Weil am Ende des Projektes eine Aufschüttung zu bestimmen ist, und die Sauberkeitsschicht Bestandteil der Schichtenfolge ist, muss die Sauberkeitsschicht Bestandteil der Berechnung, Bestandteil der DGMs sein. Der Anteil der Sauberkeitsschicht bestimmt auch das Volumen der Aufschüttung.

Für die Berechnung dieses Volumens ist folgendes zu beachten. Prinzipiell ist die Mengenberechnung im Civil 3D nur zwischen zwei DGMs (Oberkante und Unterkante) möglich. Im vorliegenden Fall wird die Unterseite der Sauberkeitsschicht durch zwei DGMs beschrieben, „Aushub-Böschung-DGM" und „Schotter DGM". Die Berechnung einer Menge „Sauberkeitsschicht" wäre so nicht möglich, weil die Unterkante durch zwei DGMs beschrieben wird.

Um dieses Problem zu lösen, kann ein „zusammengesetztes DGM" erstellt werden, welches die Aufgabe der Unterkante für die Sauberkeitsschicht übernimmt.

Hinweis:

Wäre keine Stufe im Fundament zu beachten, so wäre der Schritt „Zusammengesetztes DGM" an dieser Stelle nicht erforderlich.

3.3.1 Zusammengesetztes DGM

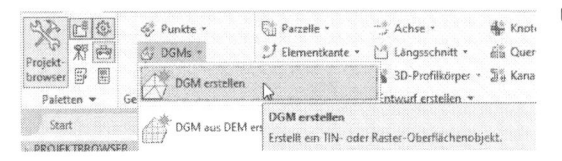

Um DGMs zusammen zu setzen, wird ein neues DGM angelegt.

3 Abtrag-, Aushub-Volumen, Verschneidung-DGM

Hinweis:

Das „Schotter-DGM" kann nicht in das „Aushub-Böschung-DGM" eingefügt werden, weil das „Aushub-Böschung-DGM" Ziel der Verschneidung „Schotter" ist. Technisch wäre das ein „Zirkel-Bezug". Aus diesem Grund kann „Sauberkeitsschicht" nicht sofort in „Aushub-Böschung-DGM" eingefügt sein. Es muss ein drittes neues DGM angelegt werden.

Es wird der Namen „Zusammengesetzt-Aushub-Schotter" vorgeschlagen. Als Darstellungs-Stil wird „Dreiecksvermaschung und Umring HELLBRAUN [2014] gewählt.

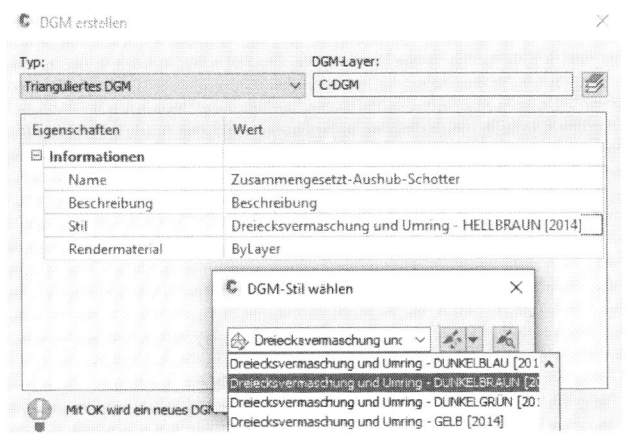

Die DGMs bieten im Bereich „Bearbeitungen" die Option „DGM einfügen".

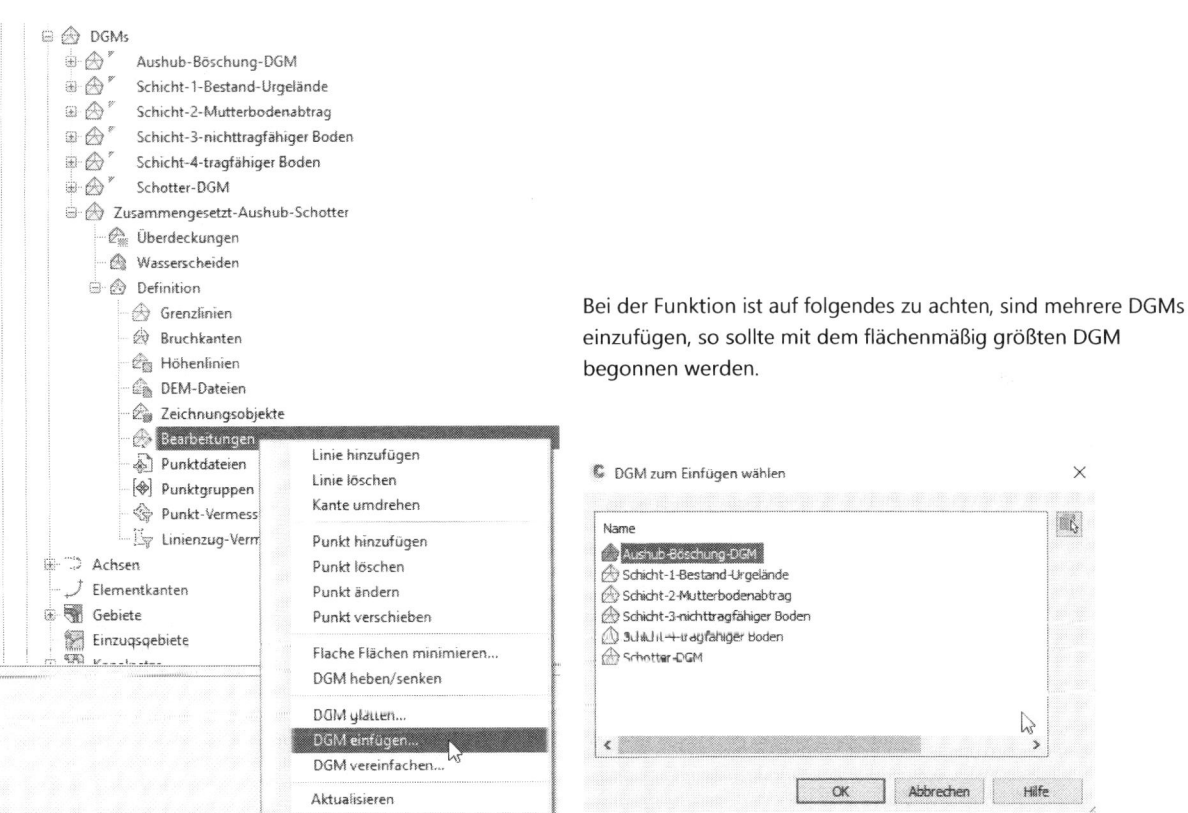

Bei der Funktion ist auf folgendes zu achten, sind mehrere DGMs einzufügen, so sollte mit dem flächenmäßig größten DGM begonnen werden.

Die eingefügten DGMs werden als Eigenschaft zum DGM gelistet (Feld unterhalb). Sind DGMs falsch aufgerufen oder zugeordnet, so können diese hier mit „Rechtklick" gelöscht werden.

Neben der Kontrolle der neuen Schicht „Zusammengesetzt-Aushub-Schotter" im Höhenplan ist eine 3D-Ansicht möglich.

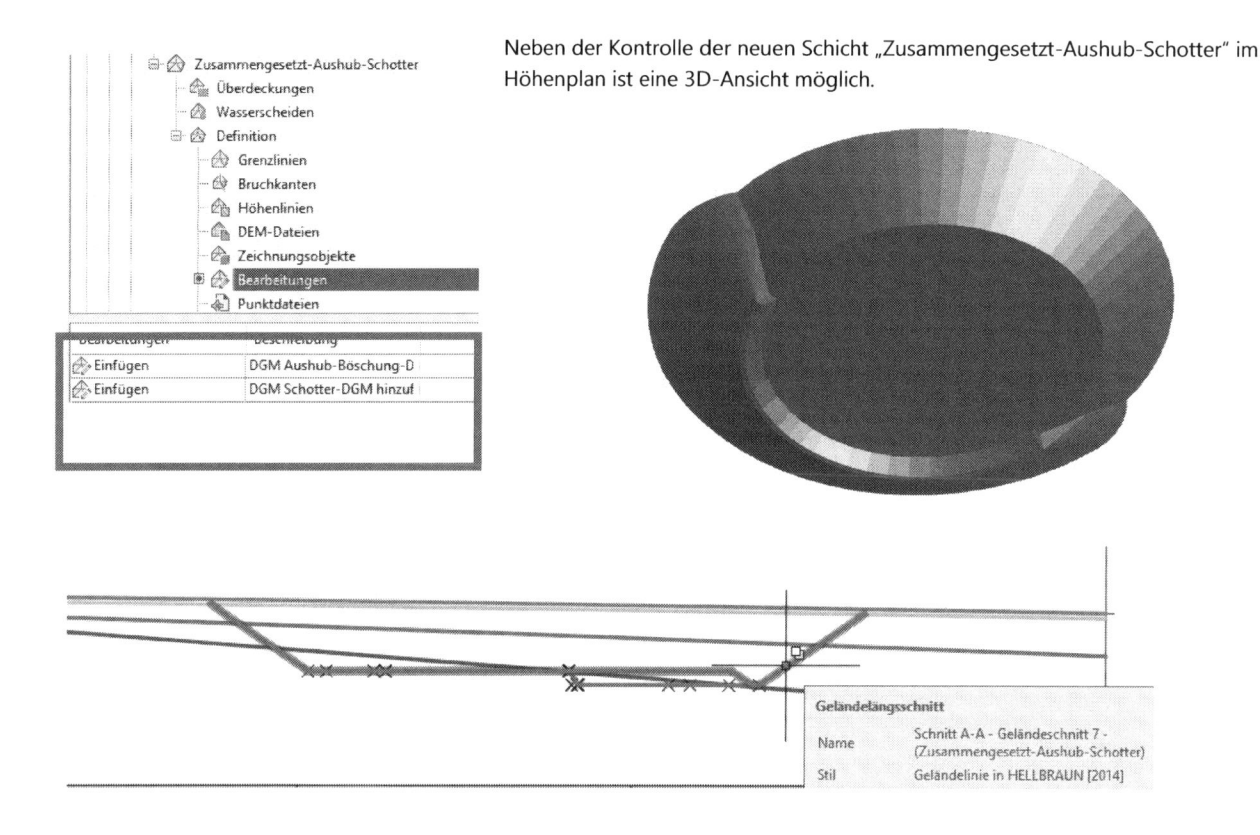

Alle bisher erstellten DGMs werden auf den Darstellungs-Stil „Umring" gesetzt.

3.3.2 Menge Sauberkeitsschicht, Mengenbefehls-Navigator

Bei jeder bisher erstellten Mengenberechnung war die Grundlage eine Elementkante danach folgte die Verschneidung mit der Böschungskonstruktion und der Füllfläche. Die Menge (Volumen) wurde als Bestandteil der Verschneidungsmengen-Werkzeuge ermittelt. Dieser Weg wurde nur beschritten, weil eine Böschungskonstruktion erforderlich war.

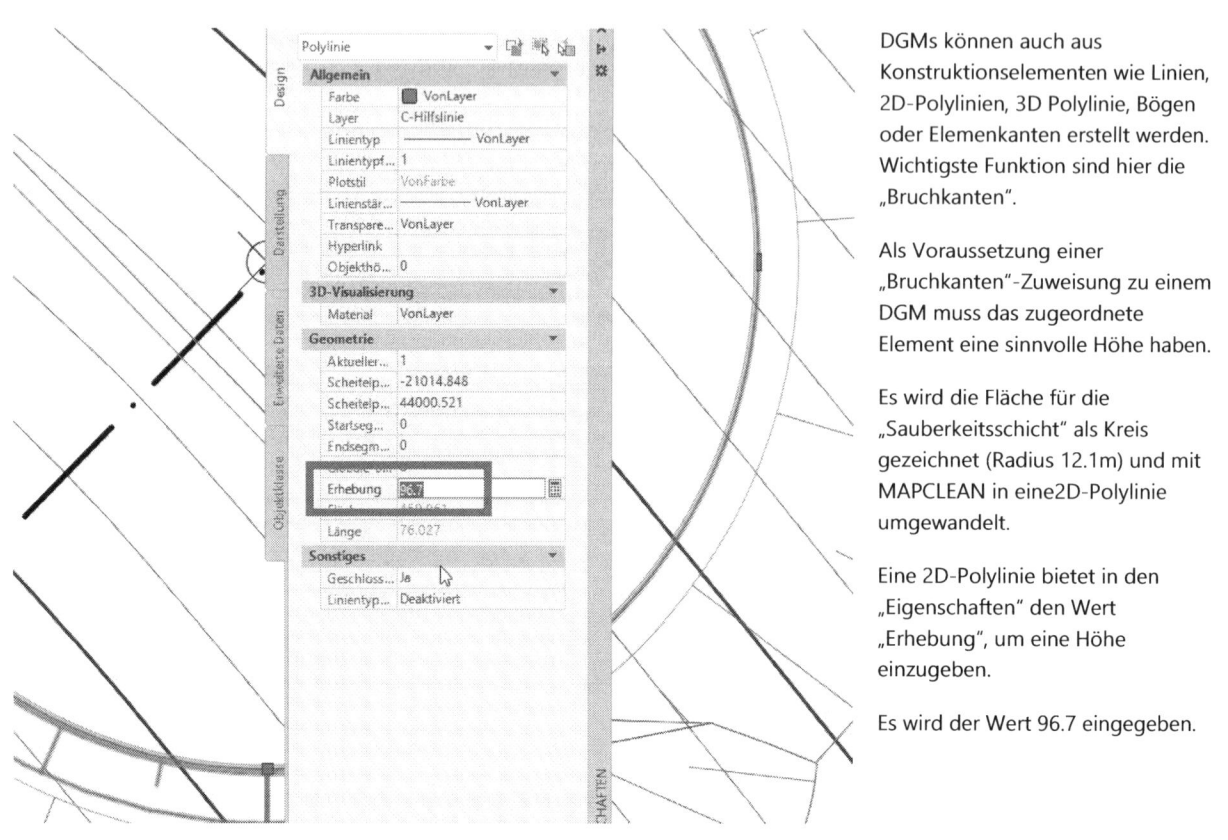

DGMs können auch aus Konstruktionselementen wie Linien, 2D-Polylinien, 3D Polylinie, Bögen oder Elementkanten erstellt werden. Wichtigste Funktion sind hier die „Bruchkanten".

Als Voraussetzung einer „Bruchkanten"-Zuweisung zu einem DGM muss das zugeordnete Element eine sinnvolle Höhe haben.

Es wird die Fläche für die „Sauberkeitsschicht" als Kreis gezeichnet (Radius 12.1m) und mit MAPCLEAN in eine 2D-Polylinie umgewandelt.

Eine 2D-Polylinie bietet in den „Eigenschaften" den Wert „Erhebung", um eine Höhe einzugeben.

Es wird der Wert 96.7 eingegeben.

3 Abtrag-, Aushub-Volumen, Verschneidung-DGM

Die erstellte 2D-Polylinie mit Erhebung 96.7 mü.NN ist als Element ausreichend, um ein erneutes DGM zu erstellen und die Menge der Sauberkeitsschicht zu ermitteln.

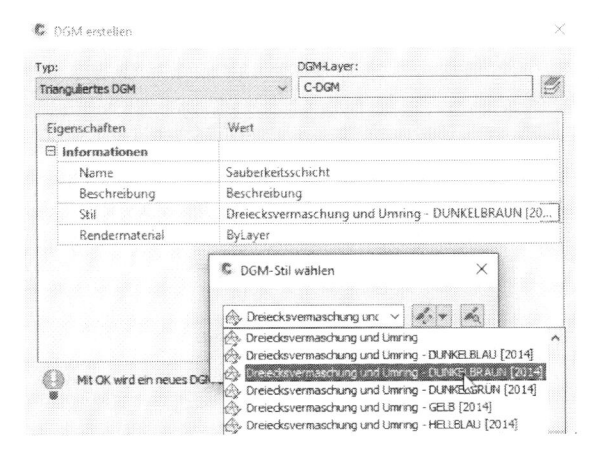

Das DGM „Sauberkeitsschicht wird angelegt. Name und Darstellungs-Stil werden entsprechend vergeben, um das DGM Sauberkeitsschicht deutlich zu erkennen.

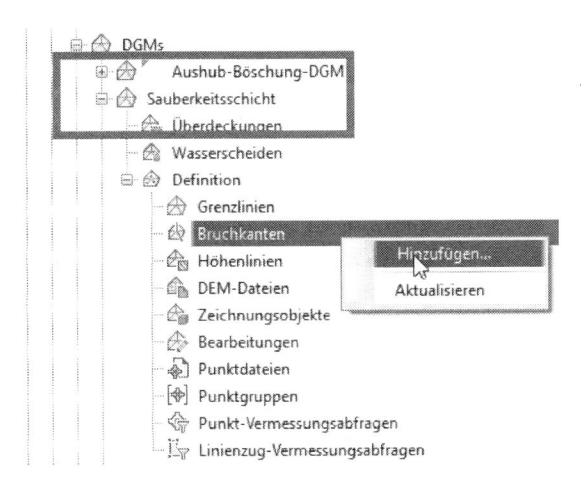

Die 2D-Polylinie (mit Erhebung) wird dem DGM „Sauberkeitsschicht" als Bruchkante zugeiwesen.

Das Feld „Beschreibung" ist eine Option, die nicht erforderlich ist, jedoch genutzt werden sollte. Der Eintrag kann hilfreich sein, um bei Problemen die zugewiesene 2D-Polylinie in der Zeichnung zu finden.

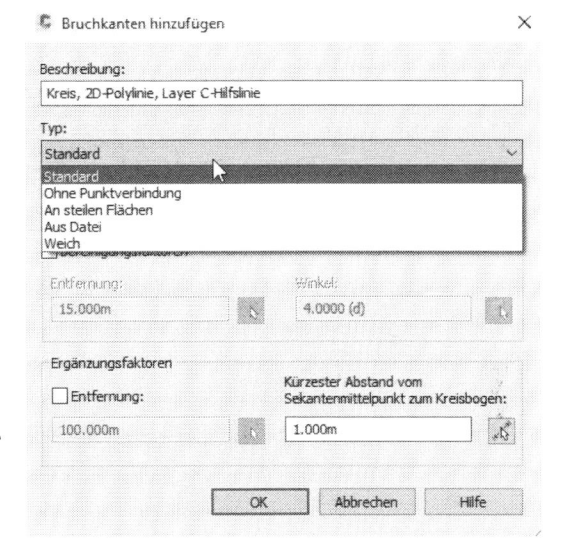

Innerhalb von DGMs gibt es mehrere Typen von Bruchkanten, die hier nicht näher erläutert werden. Die Einstellung „Standard" bleibt für „Sauberkeitsschicht" gesetzt.

Im Vorliegenden Fall sind auch die Optionen „Bereinigungsfaktoren" und „Ergänzungsfaktoren" nicht erforderlich. Lediglich der Wert „Kürzester Abstand vom Sekantenmittelpunkt zum Kreisbogen" ist zu beachten.

Der Wert wird auf „0.01" gesetzt (1cm).

Hinweis:

DGM-Dreiecke können nicht rund oder gebogen sein. Der Wert „Kürzester Abstand vom Sekantenmittelpunkt zum Kreisbogen" bestimmt den maximalen Abstand der 3D-Flächen zum Kreisbogen (Abstand Dreiecksseite-Mittelpunkt zum Kreisbogen). Mit dem Wert 1cm wird die Kante maximal 1cm vom Bogen abweichen.

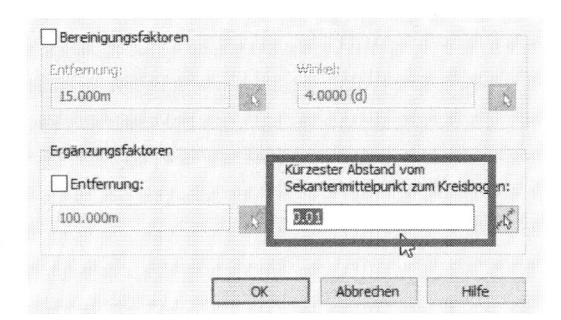

Gert Domsch, CAD-Dienstleistung

3 Abtrag-, Aushub-Volumen, Verschneidung-DGM

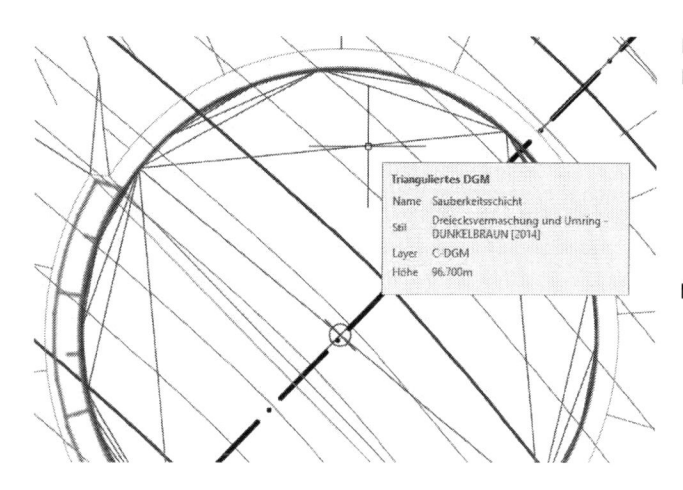

Die Zuweisung der „Bruchkante" ist ausreichend, um das DGM zu erstellen.

Das erstellte DGM sollte im Höhenplan kontrolliert sein.

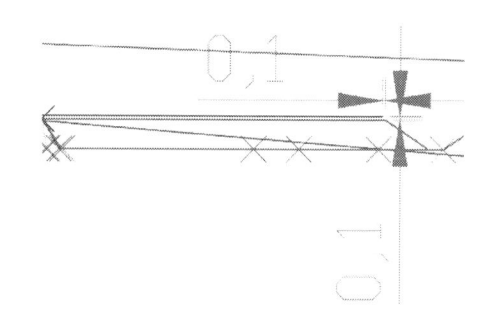

Jeweils zwei DGMs befähigen zur Mengenberechnung.

Da das Thema „Verschneidung" hier keine Rolle gespielt hat und die Funktion „Verschneidungsmengenwerkzeuge" entfällt, ist in diesem Fall ist für die Bestimmung der Menge ein anderer Weg zu beschreiben.

Mit der Funktion „Mengen-Befehls-Navigator" können auch Volumen (Mengen) zwischen DGMs ermittelt werden. Der „Mengen-Befehls-Navigator" kann absolut funktionsneutral verwendet werden. Es ist ohne Bedeutung wie die DGMs erstellt wurden. Alle DGMs sind aufrufbar. Das heißt die bisher ermittelten Mengen können hier nochmals gelistet sein.

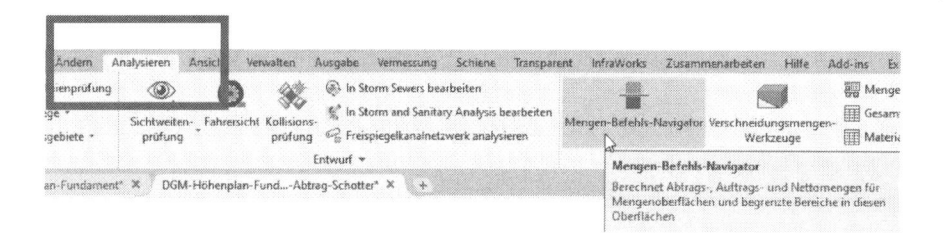

Der Ablauf im „Mengen-Befehls-Navigator" verlangt das Erstellen einer „Mengenoberfläche".

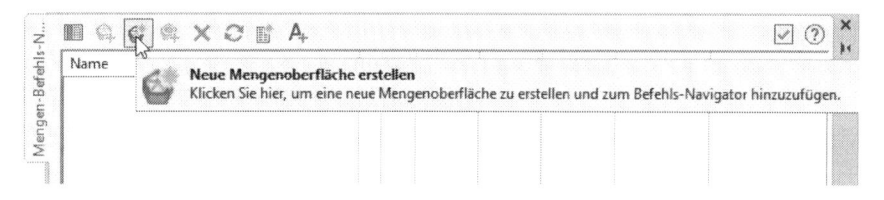

Hinweis:

Mengenoberflächen sind DGMs mit besonderen Eigenschaften. Mengenoberflächen dienen nicht nur der Mengenermittlung. Die Mengenoberfläche (Sonder-DGM) kann auch den Auf- und Abtrag farblich darstellen. Die Auf- und Abtrags-Stärke (Mächtigkeit) beschriften und die „NULL"-Linie ausweisen (Übergang zwischen Auf- und Abtrag).

Achtung:

Mengenmodelle können in Höhenplan, Querprofilplan oder dynamischen Kontrollschnitt aufgerufen und dargestellt sein. Eine Darstellung im „Schnitt" ist fast immer technisch sinnlos. Mengenmodelle nicht im Höhenplan, Querprofilplan oder dynamischen Kontrollschnitt aufrufen, auch wenn es möglich ist!

Die Optionen, die das Mengenmodell bietet, werden in dieser Unterlage nicht genutzt. Die Funktion beschränkt sich hier nur auf die Mengenermittlung.

3 Abtrag-, Aushub-Volumen, Verschneidung-DGM

Als Name für das Mengenmodell wird „Menge-Sauberkeitsschicht" vergeben,
als Darstellungs-Stil „Umring".
Für die, in dieser Unterlage angesprochenen Themen ist das ausreichend.
Es handelt sich nur um eine reine Mengenermittlung.

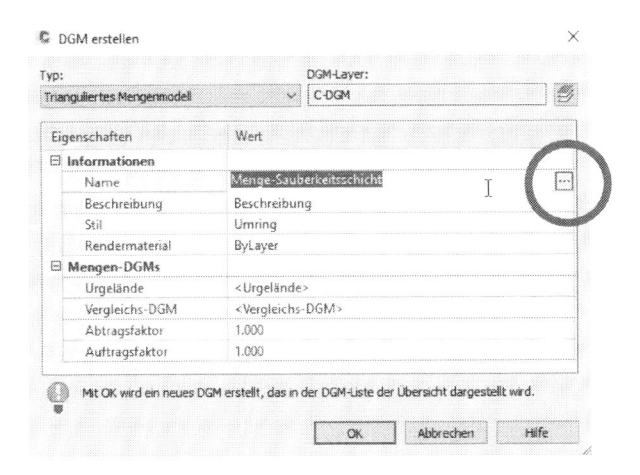

Im zweiten Schritt erfolgt die Zuweisung der DGMs. Die Zuweisung erfolgt in der Reihenfolge zuerst der „Bezugshorizont" und Danach die „neue Schicht". In dieser Reihenfolge ist die spätere Zuordnung zu den Kategorien „Auftrag" und „Abtrag" richtig.

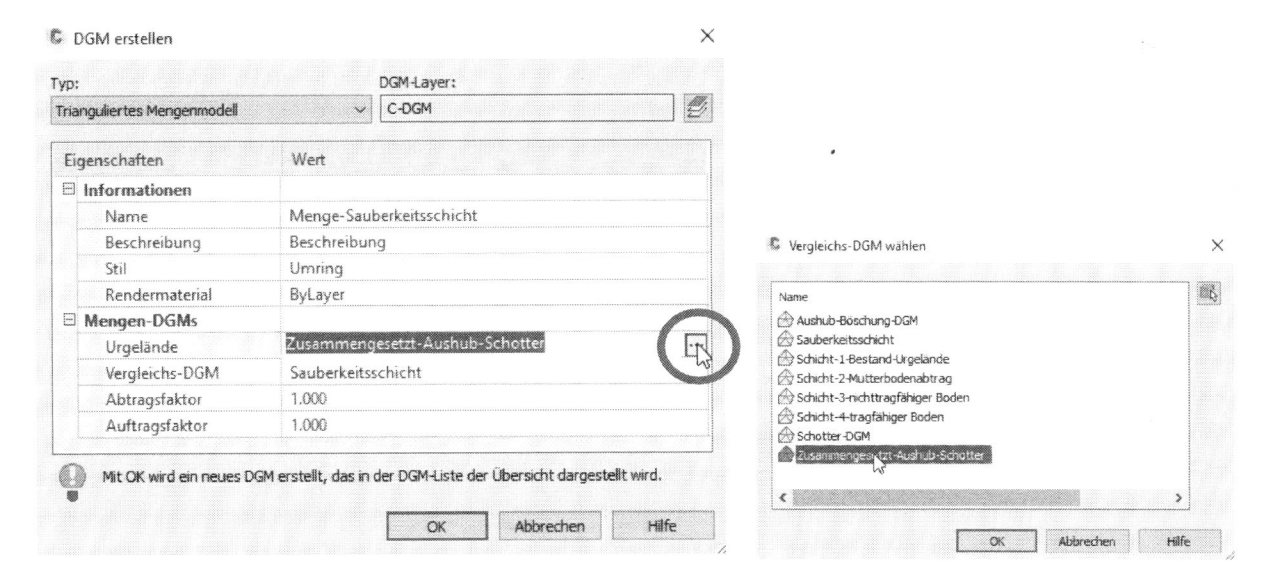

Im Mengen-Befehls-Navigator wird die Menge auflisten, solange das Mengenmodell Bestandteil der Zeichnung ist. Das heißt der Mengen-Befehls-Navigator kann geschlossen sein und erneut geöffnet werden, die Menge bleibt enthalten.

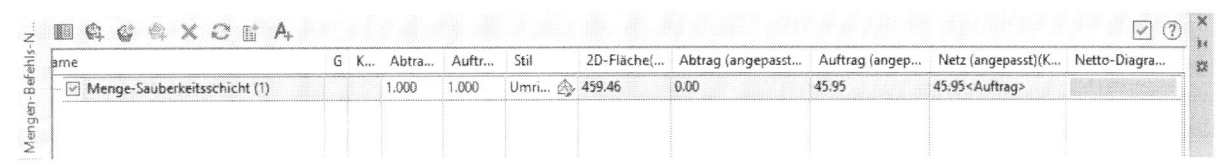

Das Mengenmodell ist dynamisch, das heißt die Parameter der zugewiesenen DGMs können geändert werden, das Mengenmodell zeigt dann die geänderte Menge an. Der Mengen-Befehls-Navigator kann beliebig viele Mengen anzeigen, Mengen, die jeweils durch zwei DGMs beschrieben werden. Optional kann er auch die bisher errechneten Mengen aus den Verschneidungen auflisten.

Die folgenden Bilder zeigen den nachträglichen Aufruf der Verschneidungen und damit die Verschneidungsmengen im Mengen-Befehls-Navigator.

Gert Domsch, CAD-Dienstleistung

3 Abtrag-, Aushub-Volumen, Verschneidung-DGM

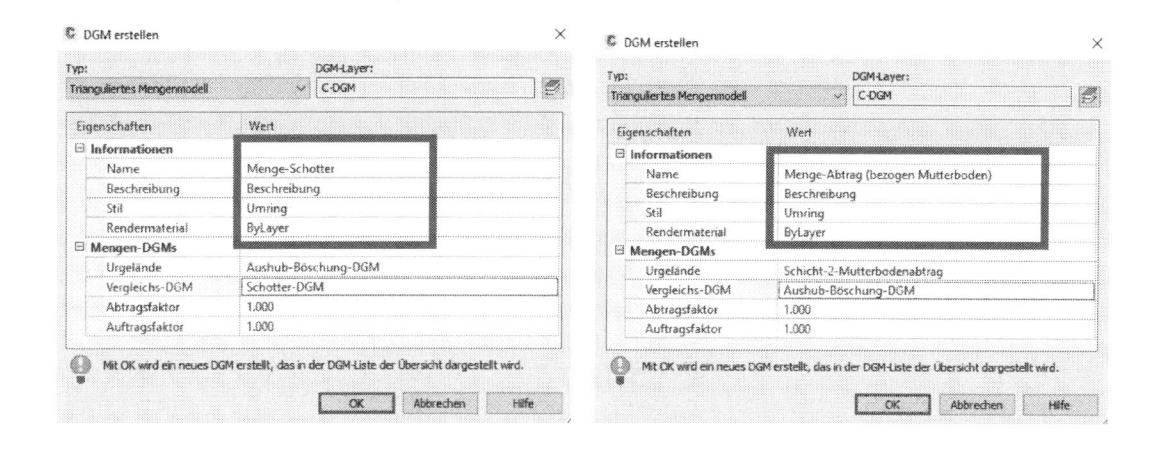

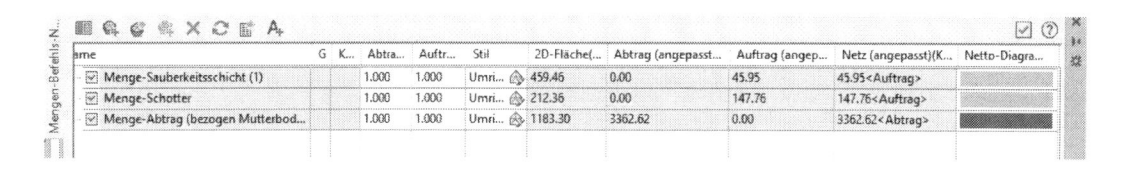

Es gibt mehrere Möglichkeiten die Berechnungen auszugeben oder als Text in die Zeichnung einzufügen.

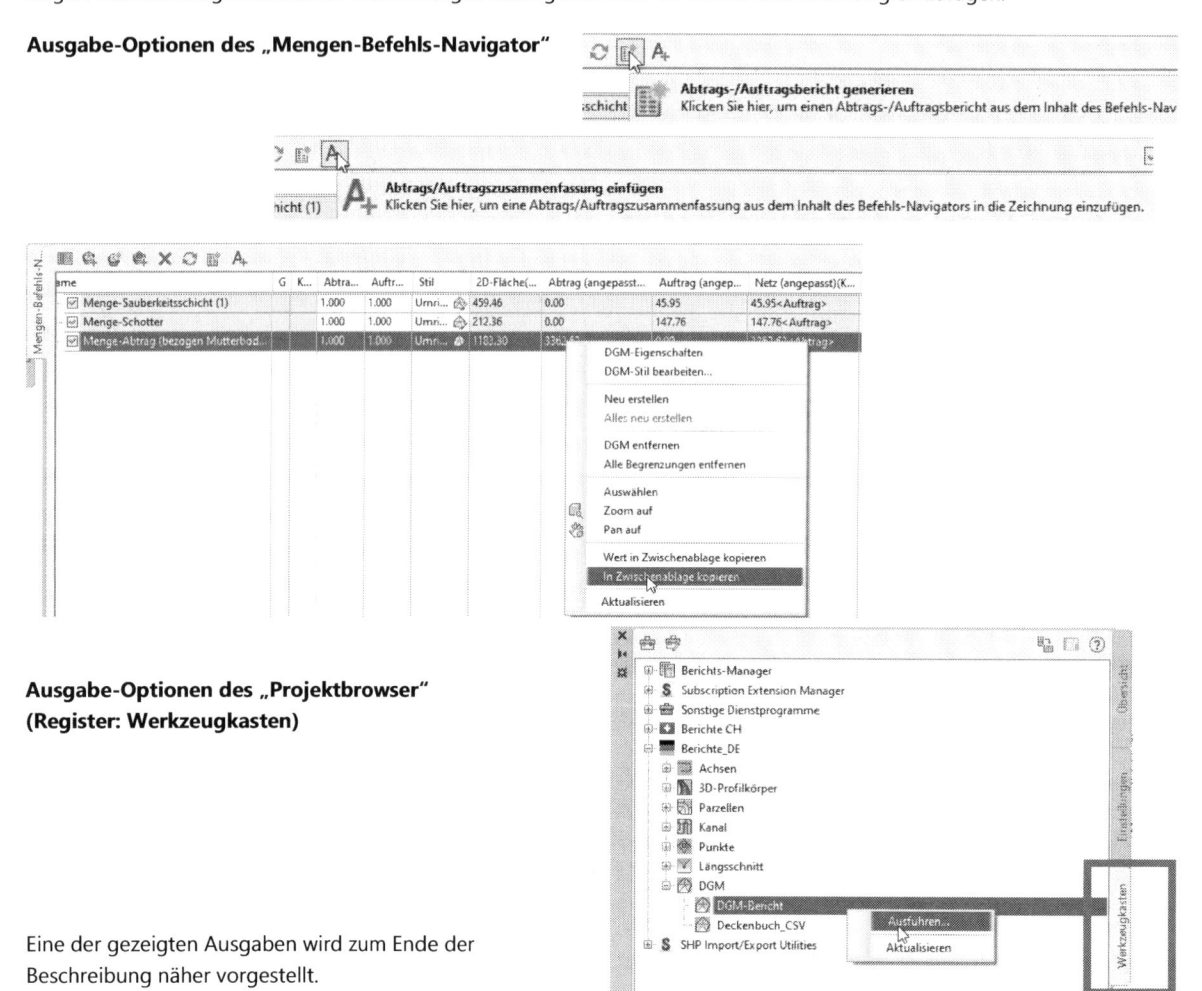

Ausgabe-Optionen des „Mengen-Befehls-Navigator"

Ausgabe-Optionen des „Projektbrowser"
(Register: Werkzeugkasten)

Eine der gezeigten Ausgaben wird zum Ende der Beschreibung näher vorgestellt.

4 Aufschüttung, Auftrag (Berücksichtigung Fundament)

Für die Berechnung der Aufschüttung werden zwei DGMs benötigt, die einmal die Aufschüttung-Unterkante beschreiben und zum Zweiten die Aufschüttung-Oberkante.

Um die Aufschüttung-Unterkante zu erstellen, fehlt noch die Begrenzung durch das Fundament. Anschließend sind „Schicht-2-Mutterbodenabtrag", „Zusammengesetzt-Aushub-Schotter", „Sauberkeitsschicht" und das noch zu erstellende „Fundament" erneut zusammen zu setzen. Die Summe der vier DGMs beschreibt die Aufschüttung-Unterkante.

Die Aufschüttung-Oberkante wird beschrieben durch „Schicht-2-Mutterbodenabtrag" und die „Aufschüttung" selbst, welche ebenfalls noch zu erstellen ist. Hier ist auch ein zusammengesetztes DGM zu bilden. In der Praxis ist davon auszugehen, die Dimension des Aushubs entspricht selten der Dimension der Anschüttung.

Die in der Fundament-Zeichnung dargestellte Anschüttung (Vorwort, Seite 1) als durchgehender „Auftrag" (Aufschüttung-Oberkante ist durchgehend höher als das Bestandsgelände) muss so nicht immer gelten. Das Beispiel (gewählte Parameter der Beschreibung) wird eine Abweichung zeigen.

Aufschüttung-Oberkante und Aufschüttung-Unterkante ergeben dann das Aufschüttungs-Volumen.

Hinweis:

Die Auswahl der DGMs später zum „Zusammensetzten" muss folgende Bedingung gewährleisten. Keines der DGMs darf eine Neigung haben, die steiler als 90° ist. Die DGM können maximal senkrecht sein. Das heißt es darf in keinem der zusammengesetzten DGMs ein Hohlraum oder eine Höhle entstehen.

Die nächsten zwei Kapitel beschreiben das Erstellen der Aufschüttung-Unterkante.

4.1 Fundament-DGM (Bruchkanten)

Das Fundament besteht aus zwei Kreisen (unterer Ring, oberer Ring)

- Unterer Ring, Durchmesser 24m und Höhe 0.7m über der Sauberkeitsschicht (im Beispiel 97.4 mü.NN)
- Oberer Ring, Durchmesser 10.9m und 1.3m höher als der untere Ring (im Beispiel 98.7 mü.NN)
- Das Fundament wird anschließend als Zylinder -0.7m (nach unten, ausgehend vom unteren Ring) - und 0.6m (nach oben, ausgehend von oberem Ring) geführt.

Die beiden Radien werden als Kreise eingezeichnet und mit MAPCLEAN in 2D-Polylinien umgewandelt. Anschließend wird die errechnete Höhe als Erhebung eingegeben.

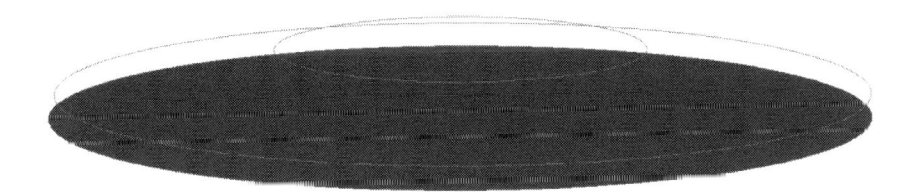

Die Kreise „2D-Polylinien" sind in der 3D-Ansicht über der Sauberkeitsschicht erkennbar.

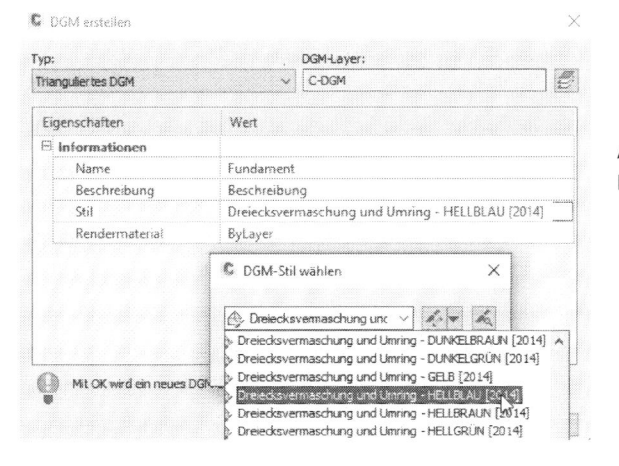

Aus beiden Radien wird ein DGM erstellt (Name Fundament, Darstellungs-Stil – Hellblau [2016]).

4 Aufschüttung, Auftrag (Berücksichtigung Fundament)

Zum Erstellen wird die Funktion „Bruchkanten" verwendet.

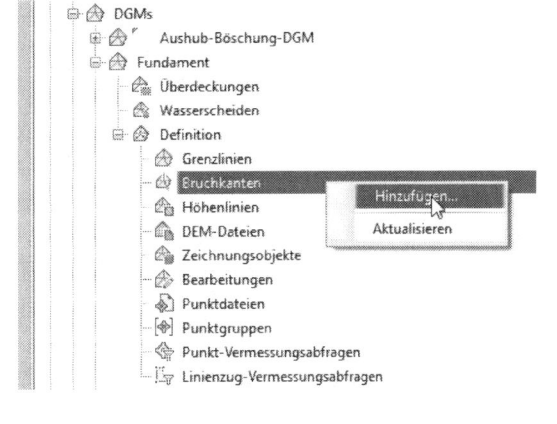

Das Hinzufügen als Bruchkante erfolgt mit der Einstellung „Standard" unter Beachtung des „Sekantenwertes von 0.01", weil es sich um Kreisbögen handelt.

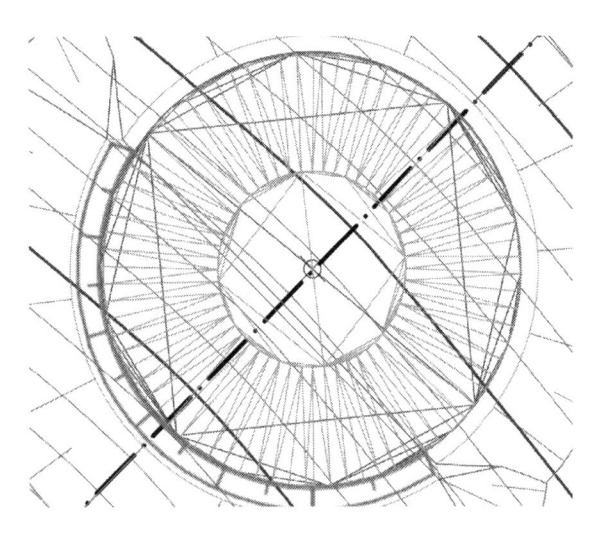

Die schräge Fläche ist als DGM beschrieben. Eine Kontrolle ist im Höhenplan möglich.

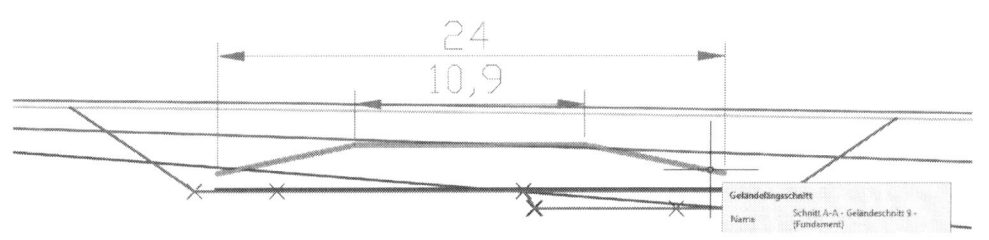

Es fehlen noch die zylinderförmigen Verlängerungen nach untern (0.7m) und nach oben (0.6m). Diese Verlängerungen können auch als Bruchkante hinzugefügt werden. Hierzu ist die Einstellung „An steile Fläche" zu verwenden.

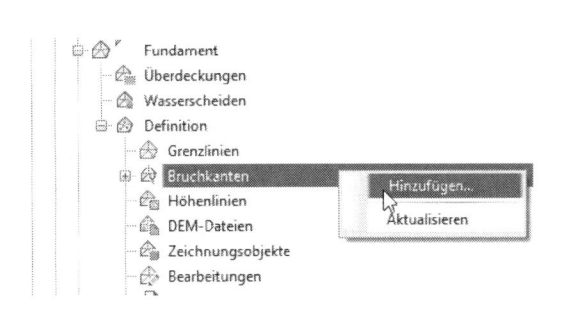

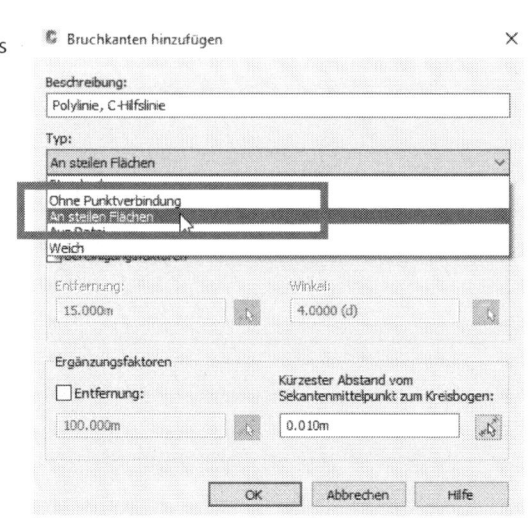

Gert Domsch, CAD-Dienstleistung

4 Aufschüttung, Auftrag (Berücksichtigung Fundament)

Zuerst wird die zylindrische Verlängerung nach unter erstellt. Das Objekt (die untere 2D-Polylinie) ist auszuwählen. Als „Versatzseite" (Höhendifferenz) wir nach „Innen" geklickt.

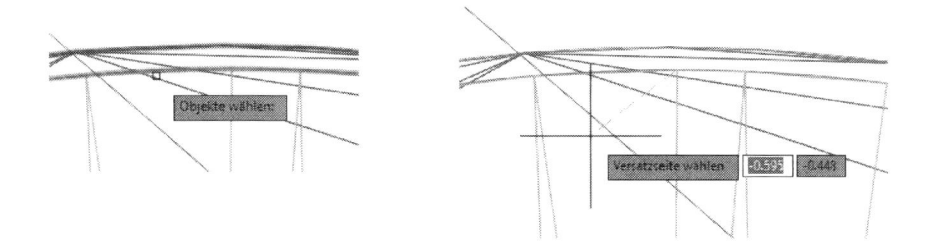

Der anschließend einzugebende Höhenunterschied soll für alle Bereiche der Linie gelten („Alle").
Der Höhenunterschied soll „-0.7m" betragen.

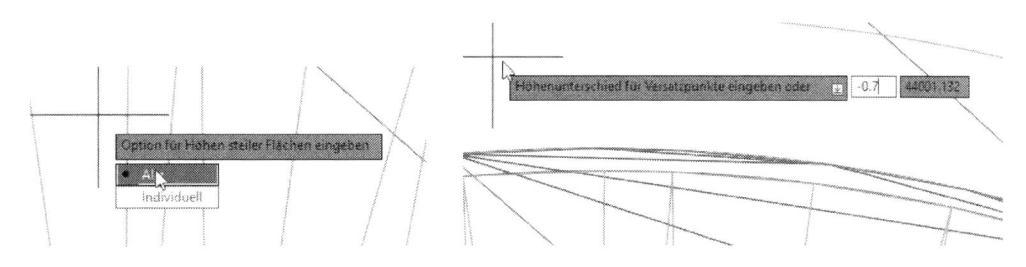

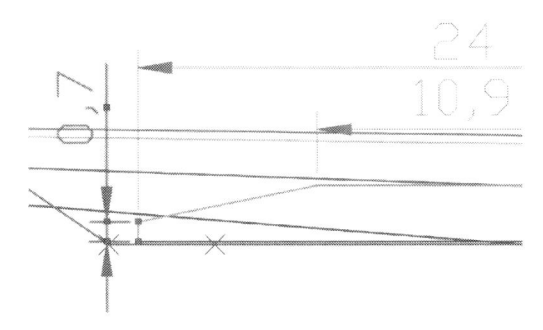

Der Zylinder ist 0.7m nach untern erweitert. Im Höhenplan ist die Erweiterung nachweisbar.

In der gleichen Art und Weise wird am oberen Ring verfahren. Es wird die Funktion „Bruchkanten" aufgerufen und der Bruchkanten Typ „An steilen Flächen" eingestellt, der Höhenunterschied beträgt hier 0.6m.

Ein Unterschied zum vorherigen Ring ist zu beachten, als Versatzseite wird die Richtung „Kreismittelpunkt" gewählt. Der Fundament-Zylinder „nach oben" ist erstellt (0.6m) und im Höhenplan nachweißbar.

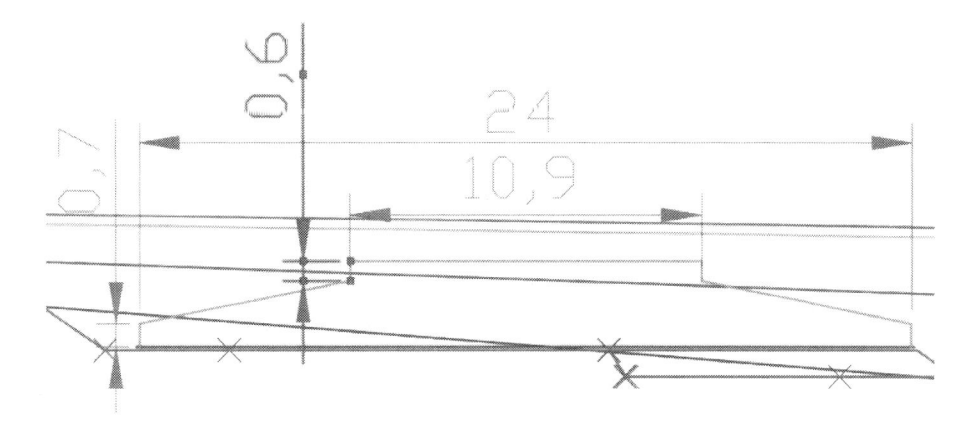

4.2 Aufschüttung-Unterkante, zusammengesetztes DGM

Die einzelnen Elemente der Aufschüttung-Unterkante sind konstruiert, um für die Unterkante der Aufschüttung ein DGM zu erstellen. Die Basis für die Aufschüttung soll die Unterkante des Mutterboden-Abtrag (Schicht-2-Mutterboden) sein.

Hinweis:

Der Mutterboden-Abtrag wird in dieser Unterlage nicht angesprochen. Nach meinem Dafürhalten (der Autor) kann die Grenze für den Mutterboden Abtrag (gesamte Ausdehnung) erst bestimmt werden, wenn das Projekt komplett bearbeitet ist. Das heißt in unserem Fall, kann der Mutterbodenabtrag (Volumen) erst bestimmt werden, wenn klar ist wie groß die Ausdehnung des gesamten Projektes ist (Fundament, Kranstellfläche, Montageplatz, Bestandteile der Zufahrt).

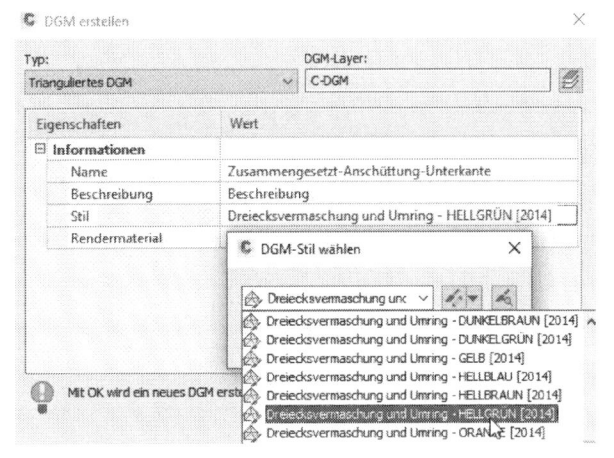

Es wird ein zusammengesetztes DGM erstellt, dass die Unterkante der Aufschüttung beschreibt.

Name: „Zusammengesetzt-Aufschüttung-Unterkante",
Darstellungs-Stil: Dreiecksvermaschung und Umring – HELLBLAU [2014]

Das Zusammensetzen erfolgt mit der Funktion „Bearbeitungen", „DGM-Einfügen".

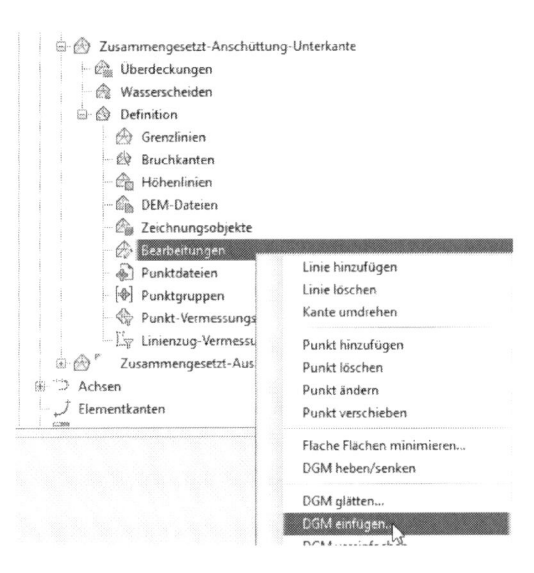

Das Zusammensetzen sollte mit dem größten DGM beginnen und dann sollten schrittweise die DGMs aufgerufen sein, die sich nach der Größe gestaffelt, später darin befinden.

Es wird mit „Schicht-1-Mutterbodenabtrag" begonnen, es folgt „Zusammengesetzt-Aufschüttung-Unterkante" (das sind Aushub und Schotter), danach „Sauberkeitsschicht" und zum Schluss „Fundament".

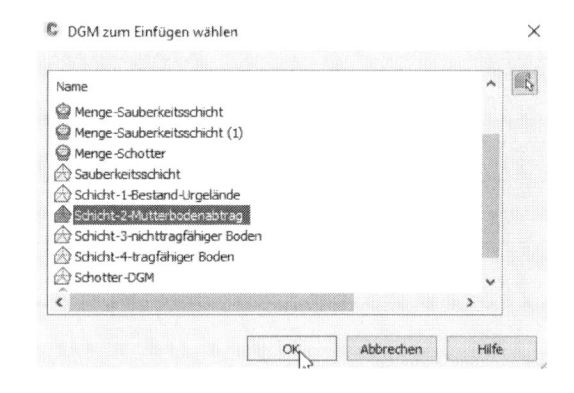

Hinweis:

Das „Zusammensetzen" kann man im Höhenplan schrittweise verfolgen oder kontrollieren.

Das Bild zeigt den Höhenplan ohne Gelände-Line von „Zusammengesetzt-Aufschüttung-Unterkante". Die Geländelinie von „Schicht-2-Mutterbodenabtrag" ist „gelb".

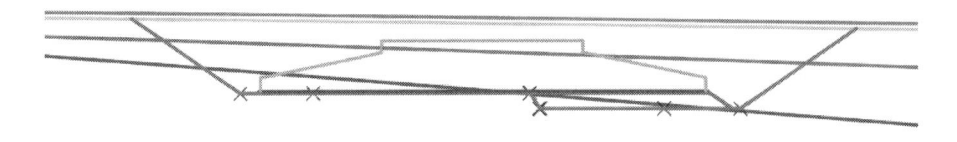

4 Aufschüttung, Auftrag (Berücksichtigung Fundament)

Ein Längsschnitt von „Zusammengesetzt-Aufschüttung-Unterkante" wird erstellt. Der Darstellungs-Stil „Dreiecksvermaschung und Umring HELLGRÜN [2014]" wird gewählt.

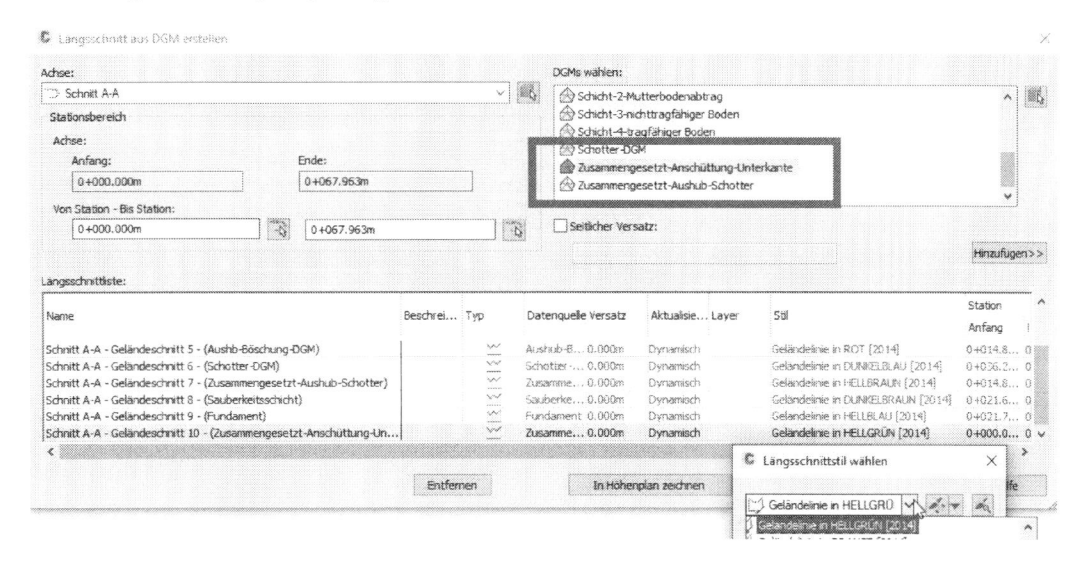

Die bisherige „Schicht-1-Mutterboden (GELB)" wird jetzt durch die neue Geländelinie „Zusammengesetzt-Aufschüttung-Unterkante" (HELLGRÜN) verdeckt.

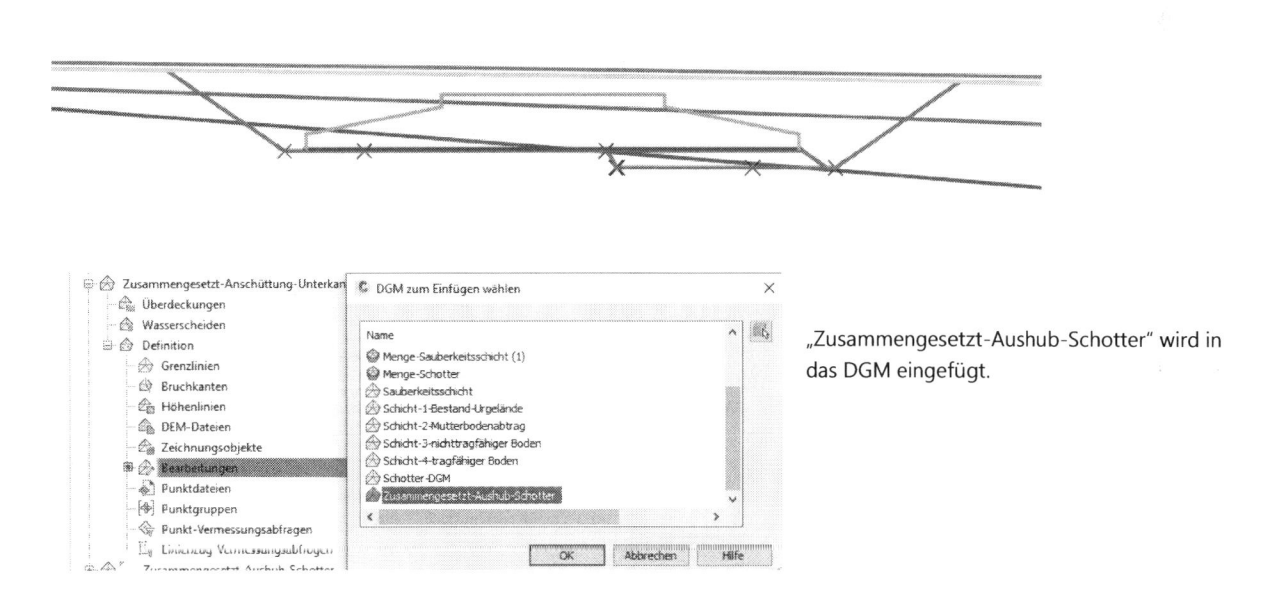

„Zusammengesetzt-Aushub-Schotter" wird in das DGM eingefügt.

Im Bereich dieses Längsschnittes ändert sich die Geländelinie von „Zusammengesetzt-Aufschüttung-Unterkante".

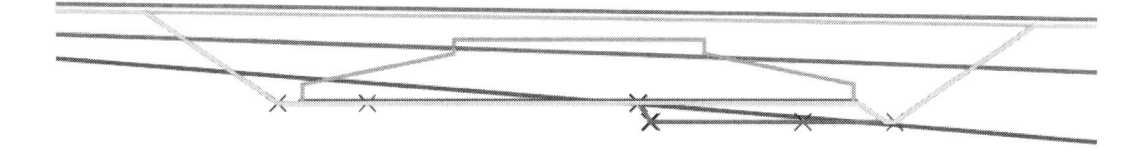

4 Aufschüttung, Auftrag (Berücksichtigung Fundament)

Die Sauberkeitsschicht wird eingefügt und es ändert sich die Geländelinie.

Das DGM „Fundament" wird eingefügt.

Es ändert sich die Geländelinie und erreicht die Form, die als „Aufschüttung-Unterkante" gültig ist.

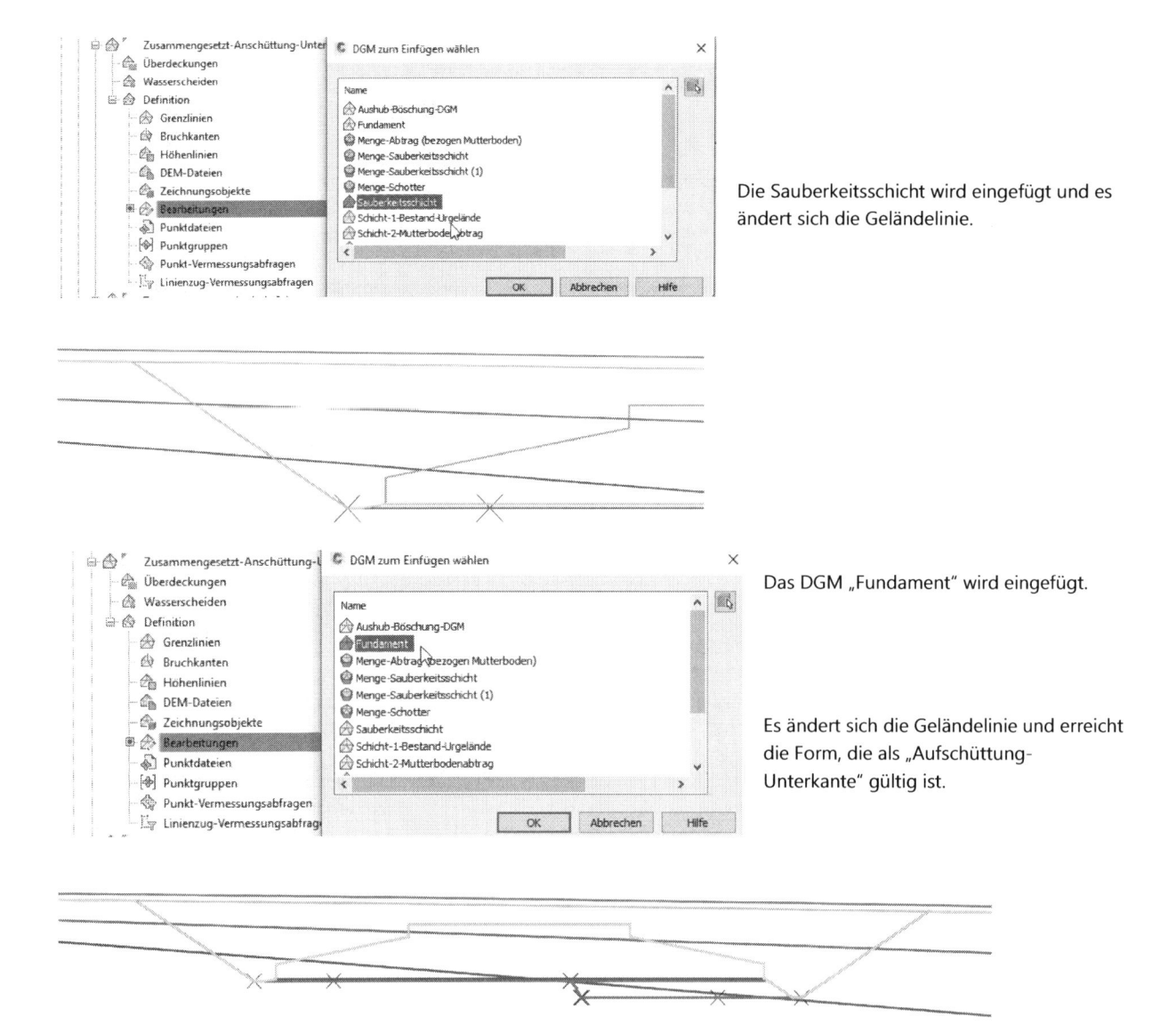

4.3 Aufschüttung-Oberkante-DGM (Verschneidung)

Das DGM für die Oberkante „Aufschüttung-Oberkante" ist noch zu erstellen. Dieses DGM braucht wieder eine Böschung. Das heißt, es muss mit Hilfe der Funktion Verschneidung erstellt werden. Ausgangssituation einer jeden Verschneidung ist eine geeignete Elementkante.

Die Konstruktion beginnt mit dem Erstellen einer Elementkante. Es ist möglich die 2D-Polylinie (oberer Ring) des Fundamentes als Ausgangssituation zu benutzen. Gleichberechtigt kann auch eine neue 2D-Polylinie gezeichnet werden. Die Beschreibung benutzt die vorhandene 2D-Polylinie des Fundamentes.

Hinweis:

Alle bisher erstellen DGMs wurden im Darstellungs-Stil auf „Umring" gesetzt. Das in einem der vorherigen Kapitel verwendete „Layer frieren" (Beschriftung Achse und Höhenlinien des DGM) ist hier auf keinen Fall zu empfehlen. Objekte (hier DGMs) deren Layer gefroren ist, werden NICHT in die Grafik-Karte geladen und sind damit für Funktionen (hier Menge Berechnung) nicht sichtbar oder vorhanden. Sind DGM-Layer gefroren und sollen diese DGMs für einen Mengenberechnung genutzt werden, so sind die DGMs für die Mengenberechnung nicht zu sehen!

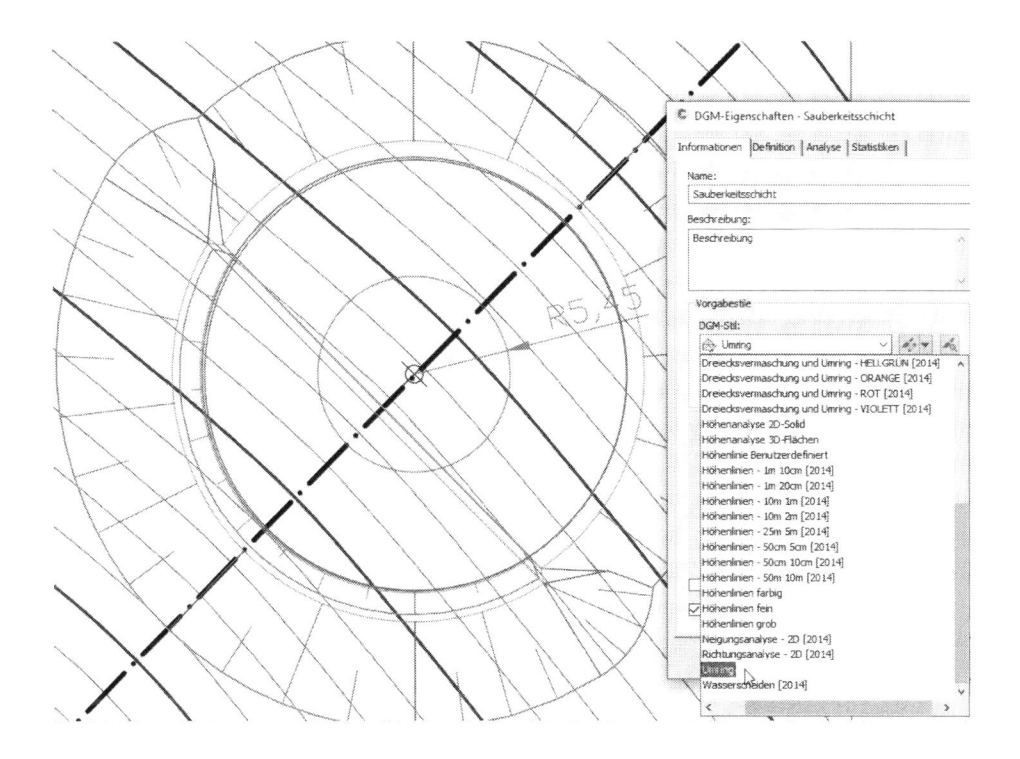

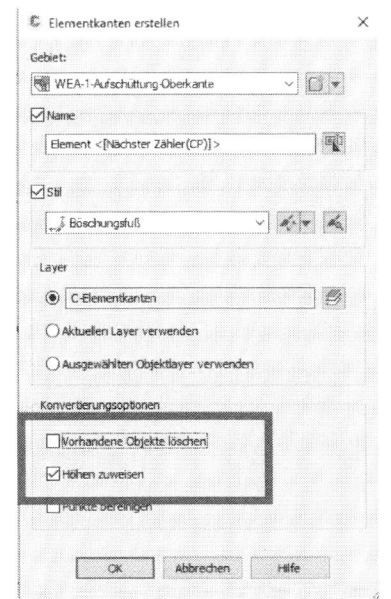

4 Aufschüttung, Auftrag (Berücksichtigung Fundament)

Es wird eine Elementkante erstellt mit der Funktion „Elementkante aus Objekt erstellen". Das Elementkante erstellen erfolgt in einem neuen Gebiet „WEA-1-Aufschüttung-Oberkante",

Bei dieser Vorgehensweise ist auf keinen Fall die Funktion „Vorhandene Objekte löschen" zu aktivieren. In diesem Fall würde das DGM „Fundament" zerstört.

„Höhen zuweisen" bleibt aktiviert. Es ist für die Elementkante die Höhe 99,25 einzugeben Das ist die Summe aus „im Beispiel 98.7 mü.NN" plus 0.55m. Die Anschüttung erfolgt 5cm tiefer, als der obere Fundament-Zylinder hoch ist.

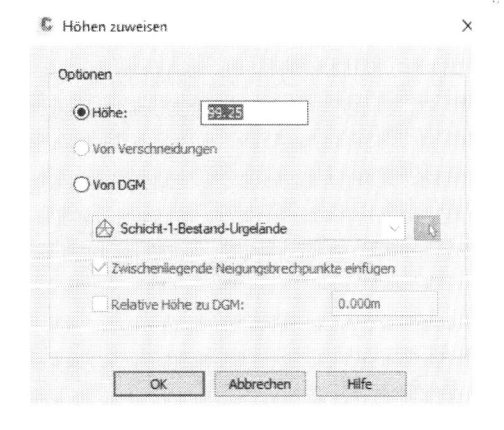

Die vorgegebene Höhe wird an der Elementkante mit Hilfe des „Höheneditors" kontrolliert.

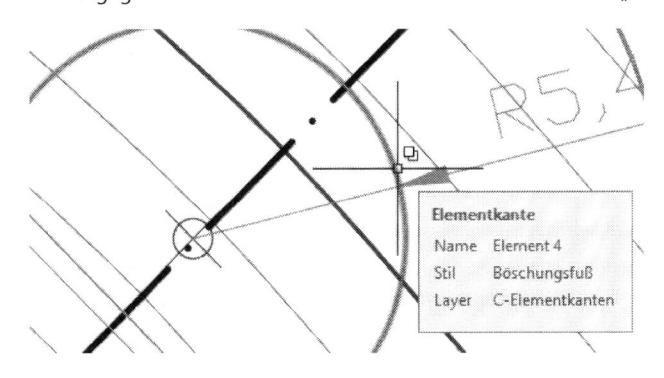

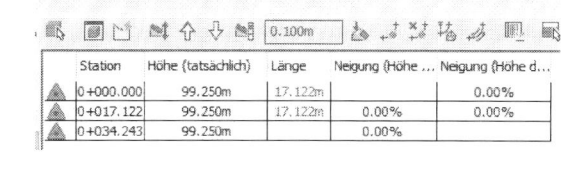

Station	Höhe (tatsächlich)	Länge	Neigung (Höhe ...	Neigung (Höhe d...
0+000.000	99.250m	17.122m		0.00%
0+017.122	99.250m	17.122m	0.00%	0.00%
0+034.243	99.250m		0.00%	

Elementkante
Name   Element 4
Stil   Böschungsfuß
Layer   C-Elementkanten

Gert Domsch, CAD-Dienstleistung

4 Aufschüttung, Auftrag (Berücksichtigung Fundament)

Die Aufschüttung besteht aus einem Ring (waagerecht, 6,55m breit) und einer anschließend 1:1.5 geneigten Böschung zur „Schicht-2-Mutterboden" (Siehe Kapitel 1.3 Fundament). Die Funktion wird automatisch auswerten, ob das „Ziel-DGM" oberhalb oder unterhalb liegt.

Die Funktion Werkzeuge zum Erstellen von Verschneidungen wird gestartet. Das Objekt Verschneidung wird definiert (Verschneidungsgruppe einrichten).

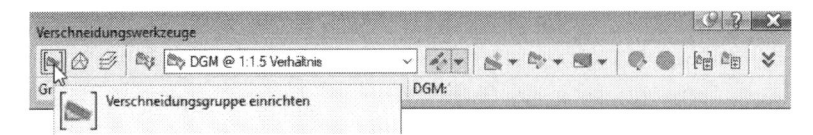

Es ist darauf zu achten, dass die neue Verschneidungsgruppe im Gebiet „WEA-1-Aufschüttung-Oberkante" angelegt wird. Die Option DGM erstellen wird aktiviert. Mit der Aktivierung ist anschließend der Name und der Darstellungs-Stil des Verschneidung-DGMs festzulegen.

Tesselations-Abstand und Tesselations-Winkel werden zurückgesetzt, weil es sich bei der Elementkante um einen Ring mit kleinem Durchmesser handelt. Die Auswahl eines DGMs für die Funktion „Mengen-Urgelände" ist nicht erforderlich, weil die Mengenberechnung über zusammengesetzte DGMs mit der Funktion „Mengen-Befehls-Navigator" erfolgen wird.

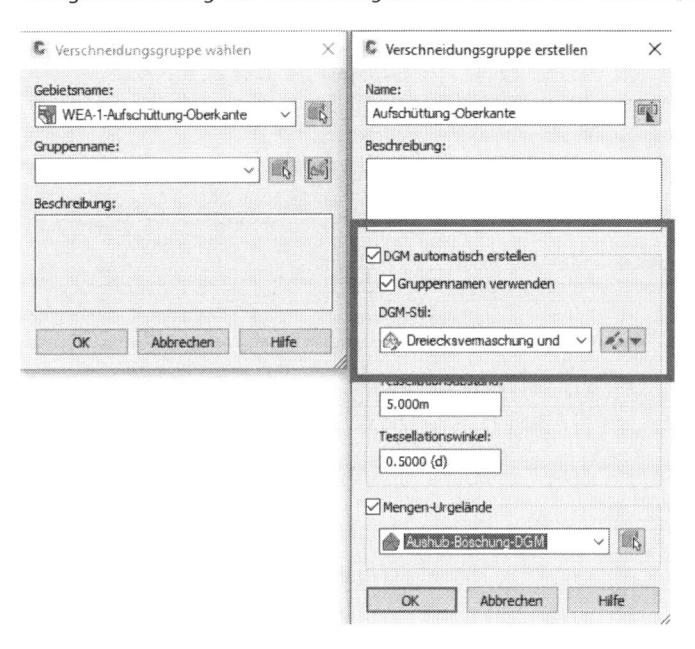

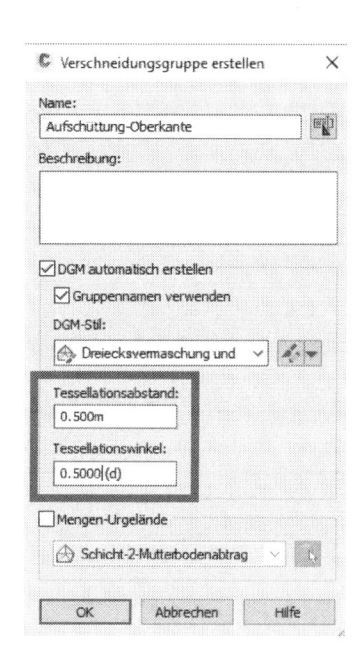

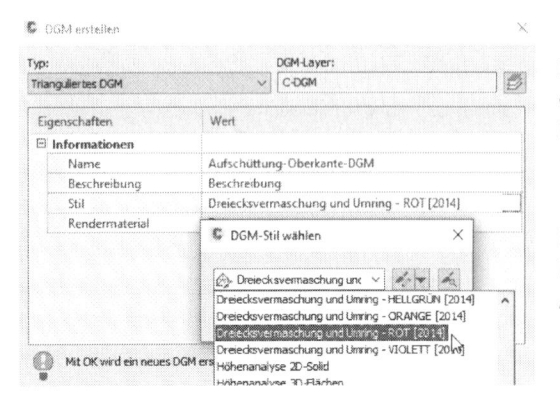

Durch die Aktivierung der Funktion „DGM automatisch erstellen" fragt die Funktion anschließend nach dem neuen DGM-Namen und dem DGM-Darstellungs-Stil.

Für den Namen des Verschneidungs-DGM wird eine Namensergänzung „-DGM" und als Darstellungs-Stil „Dreiecksvermaschung und Umring -ROT [2014]" vorgeschlagen.

4 Aufschüttung, Auftrag (Berücksichtigung Fundament)

Das Verschneidungs-Ziel-DGM ist in diesem Fall „Schicht-2-Mutterbodenabtrag".

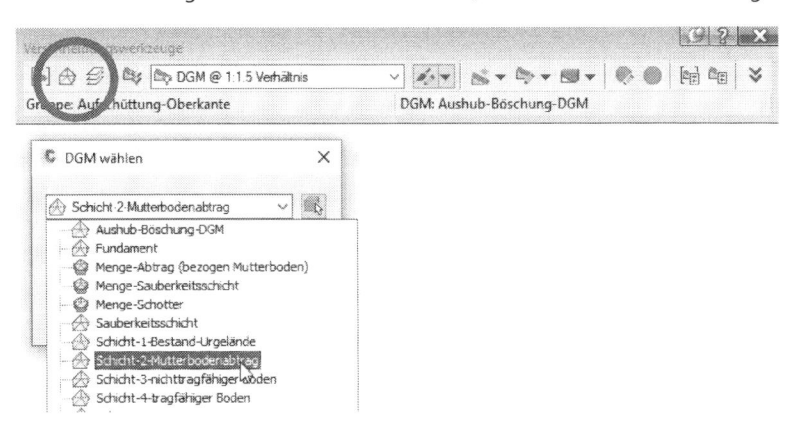

Die Funktion für den ersten Teil der Verschneidung ist aufzurufen. Hier wird „Abstand und Prozent" empfohlen., wobei keine Neigung einzugeben ist, das heißt für „Prozent" wird „0%" verwendet.

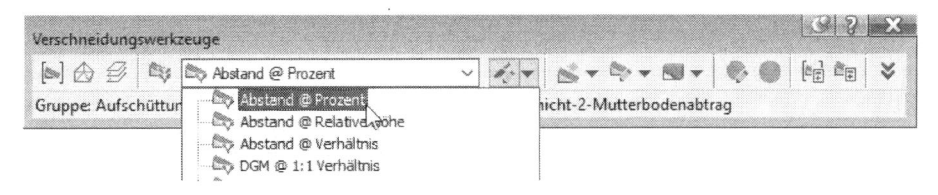

Die Verschneidung wird ausgeführt.

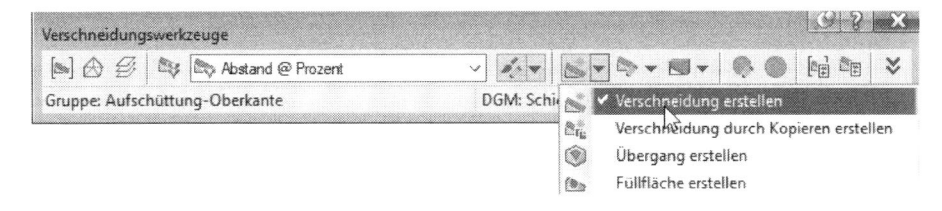

Die neue Elementkante im Gebiet „WEA-1-Aufschüttung-Oberkante" ist zu wählen, Verschneidungsseite „Außen" und der Befehl ist auf der gesamten Länge auszuführen („Ja"). Die Entfernung (Breite) beträgt 6.55m und die Neigung 0%.

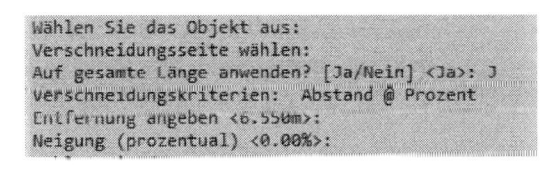

```
Wählen Sie das Objekt aus:
Verschneidungsseite wählen:
Auf gesamte Länge anwenden? [Ja/Nein] <Ja>: J
Verschneidungskriterien: Abstand @ Prozent
Entfernung angeben <6.550m>:
Neigung (prozentual) <0.00%>:
```

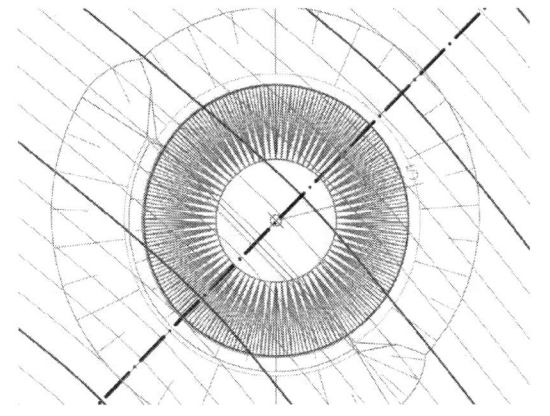

Die Verschneidung einschließlich DGM sind im Lageplan erstellt und lässt sich im Höhenplan kontrollieren (Dreiecke-ROT).

Gert Domsch, CAD-Dienstleistung

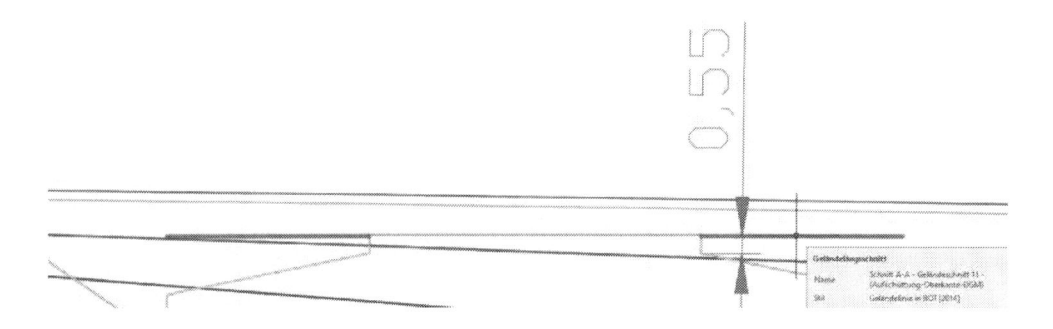

4 Aufschüttung, Auftrag (Berücksichtigung Fundament)

An die horizontale Fläche soll eine Böschung mit Neigung 1:1.5 anschießen und die Verbindung zum DGM „Schicht-1-Mutterbodenabtrag" herstellen.

Die Funktion wird ausgewählt.

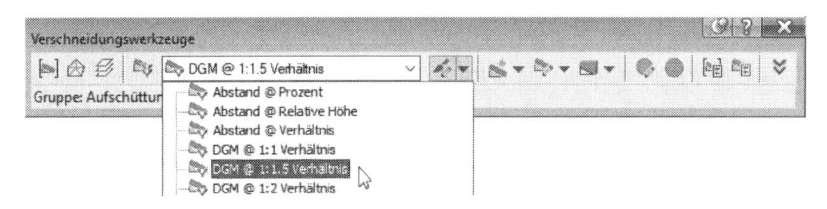

Die Verschneidung wird erstellt.

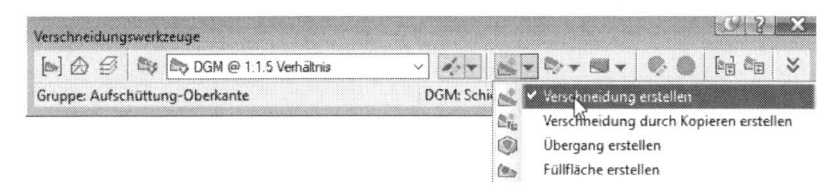

Die Verschneidung mit Böschung ist im Lageplan sichtbar. Zur besseren Ansicht im Bild wurde das Verschneidungs-DGM im Darstellungs-Stil auf „Umring" gesetzt. Gleichzeitig wurde der „Böschungs-Schraffur-Stil" bearbeitet, um engere Schraffuren zu zeigen (kleinere Böschungsschraffur).

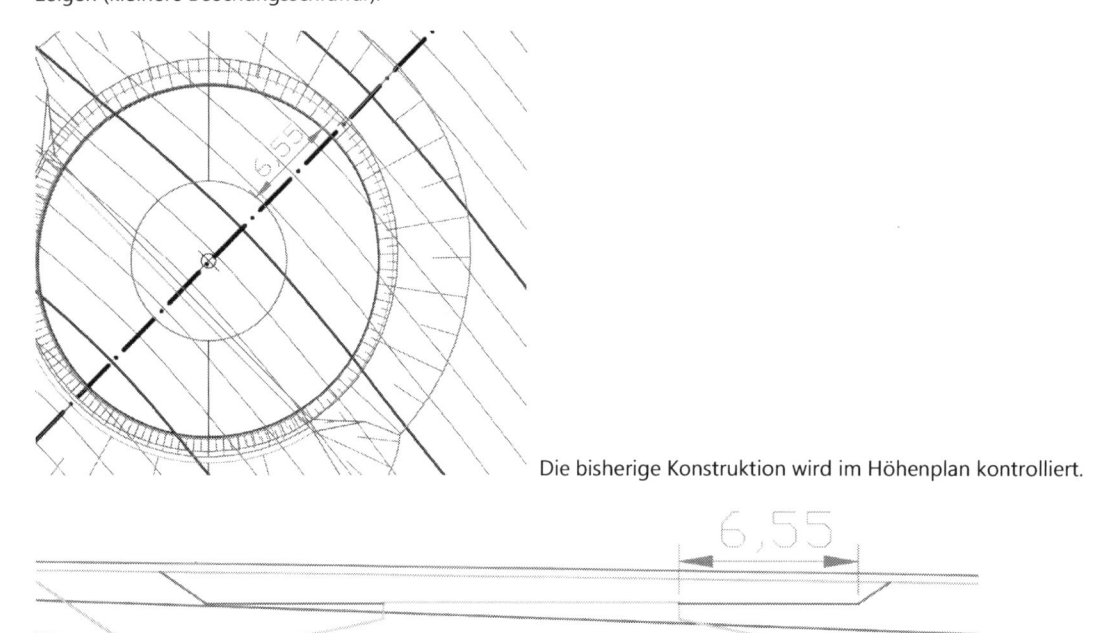

Die bisherige Konstruktion wird im Höhenplan kontrolliert.

Die Aufschüttung beschreibt im vorliegenden Fall eine Senke. Die Böschungen führen nach oben. Eventuell ist anfallendes Regenwasser von Fundament wegzuleiten. Verschneidungen lassen eine nachträgliche Bearbeitung zu und das Ergebnis kann im Höhenplan entsprechend beschriftet sein.

4 Aufschüttung, Auftrag (Berücksichtigung Fundament)

Die nächsten Bilder zeigen diese Änderungs-Option.

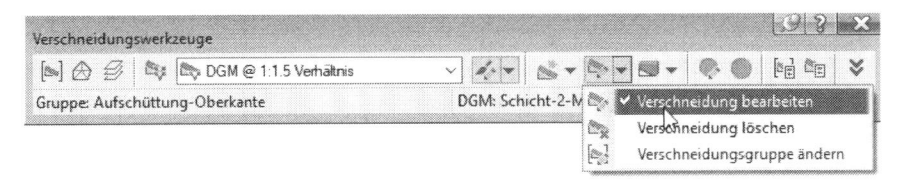

Als neue Neigung wird „-2%" eingegeben.

```
Wählen Sie einen Punkt in der Verschneidung aus oder [geBiet]:
Entfernung angeben <6.550m>:
Neigung (prozentual) <0.00%>: -2%
```

Mit der entsprechenden Beschriftung ist die Neigung im Höhenplan nachweisbar.

4.4 zusammengesetztes DGM, Mengenberechnung

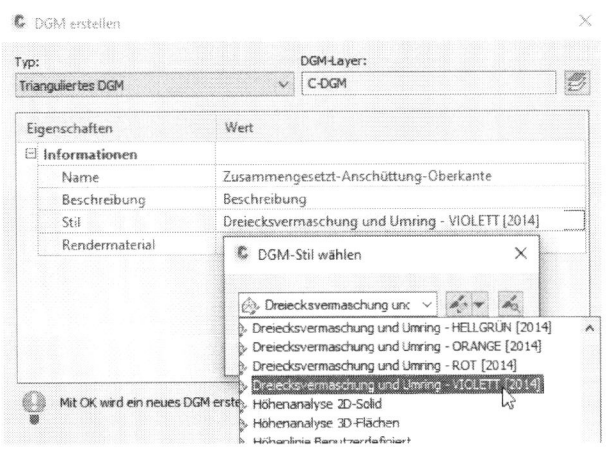

Die berechnete „Aufschüttung-Oberkante" beschreibt bei Einhaltung der Parameter eine kleinere Fläche als der Aushub. Um den gesamten Bereich für die Berechnung der Aufschüttung zu erfassen, ist wiederum ein zusammengesetztes DGM zu erstellen.

Name: „Zusammengesetzt-Aufschüttung-Oberkante",
Darstellungs-Stil: Dreiecksvermaschung und Umring– VIOLETT [2014]

Das schrittweise „DGM Einfügen" beginnt wieder mit dem in diesem Fall größten DGM „Schicht-2-Mutterbodenabtrag".

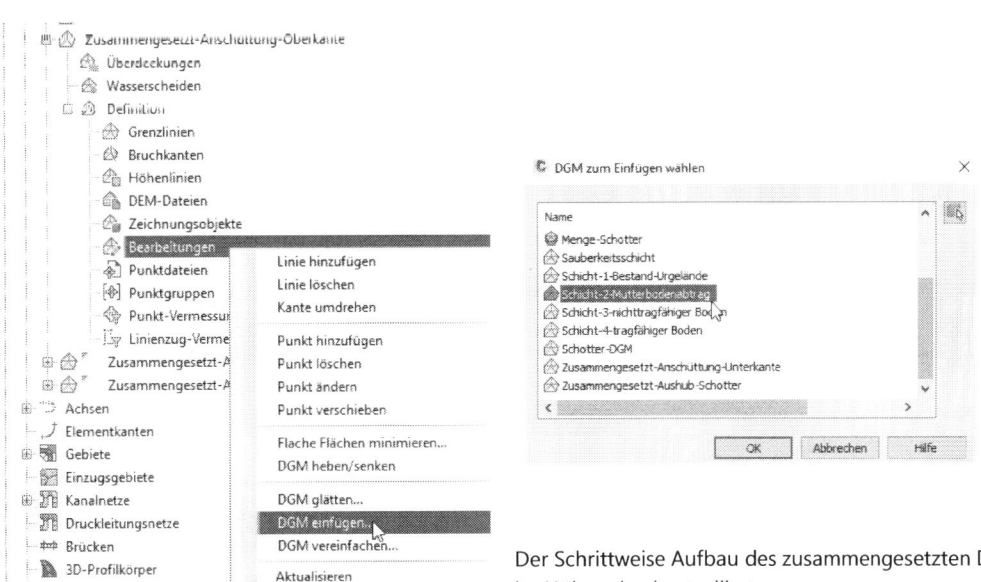

Der Schrittweise Aufbau des zusammengesetzten DGMs wird wiederholt im Höhenplan kontrolliert.

Gert Domsch, CAD-Dienstleistung

4 Aufschüttung, Auftrag (Berücksichtigung Fundament)

Das erste Bild zeigt den Höhenplan ohne DGM „Zusammengesetzt-Aufschüttung-Oberkante".

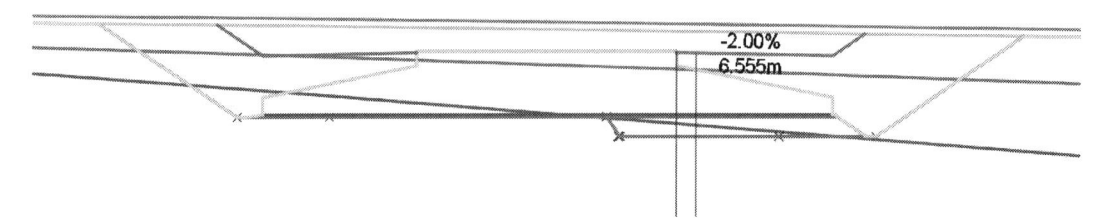

Für den neuen „Längsschnitt" (Zusammengesetzt-Anschüttung-Oberkante) wird als Darstellungs-Stil „Geländelinie- VIOLETT" gewählt.

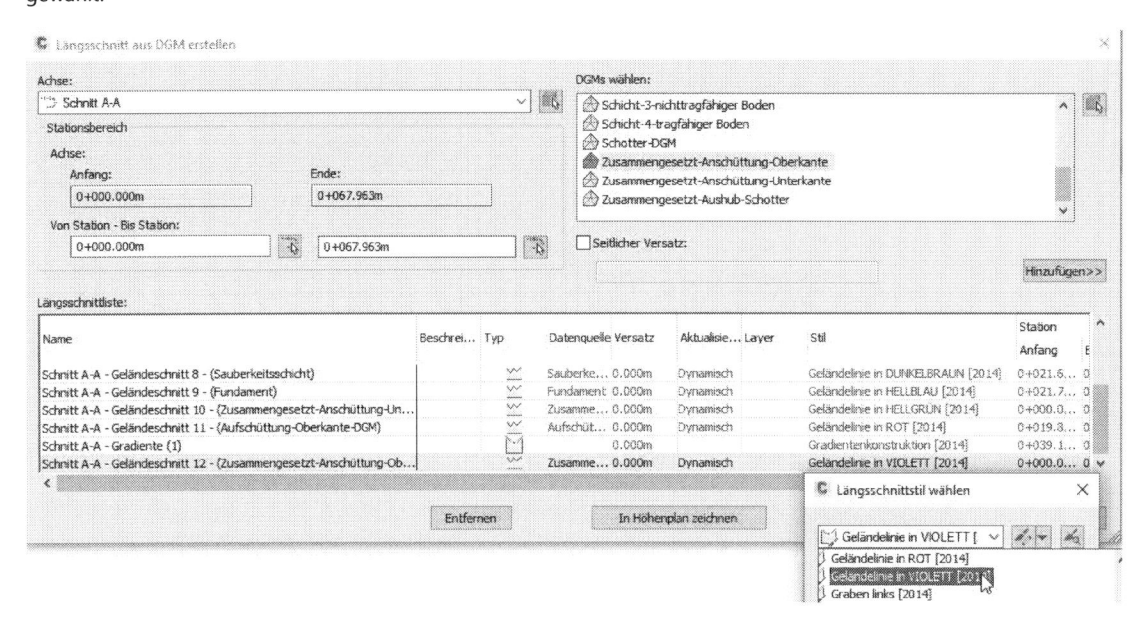

Eine violette Linie verdeckt die „Schicht-1-Mutterbodenabtrag".

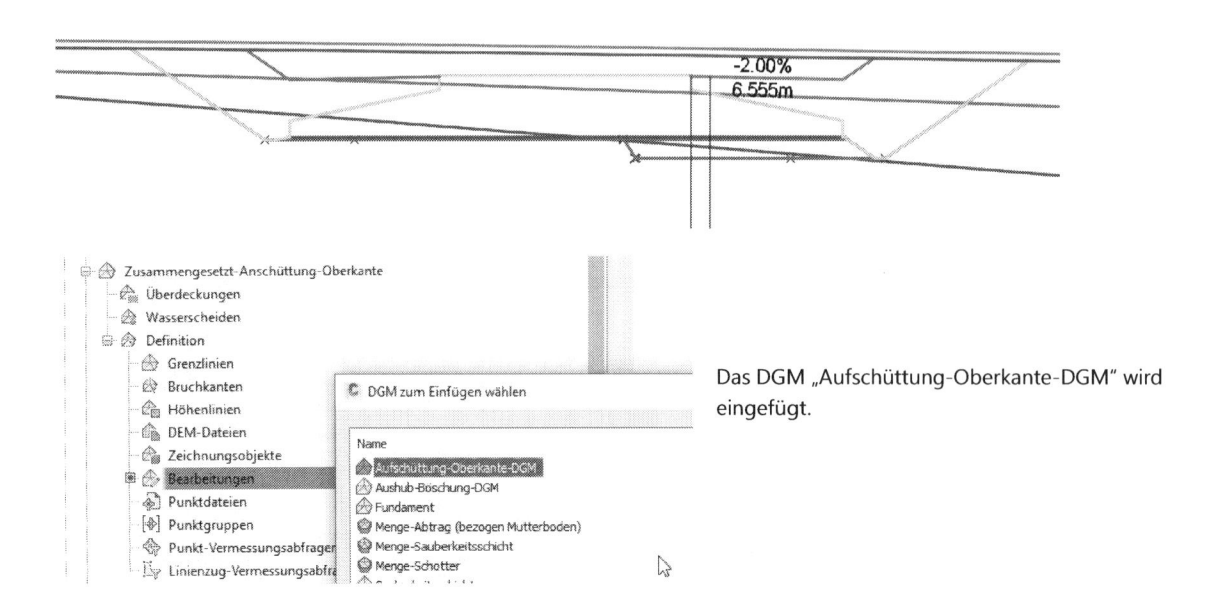

Das DGM „Aufschüttung-Oberkante-DGM" wird eingefügt.

Im Höhenplan ist der Nachweis für das Einbeziehen der Verschneidung „Aufschüttung-Oberkante" und dem daraus resultierenden DGM zu sehen.

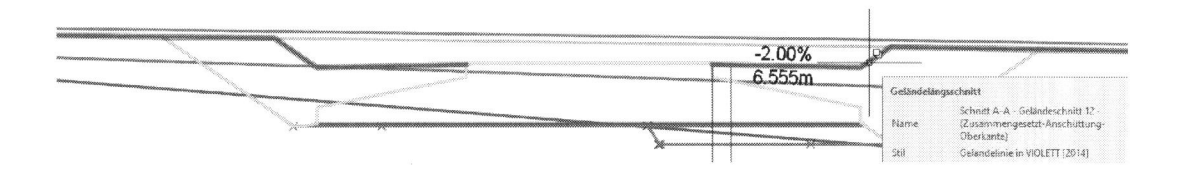

Beide DGMs „Zusammengesetzt-Aufschüttung-Oberkante" und „Zusammengesetzt-Aufschüttung-Unterkante" ermöglichen jetzt die Berechnung des Volumens (Menge) der Aufschüttung.

4.4.1 Mengenberechnung

Liegen zwei DGMs vor, die eine gemeinsame Querschnitts-Fläche haben (gemeinsames Volumen) ist eine Mengenberechnung möglich. Dort wo es keine gemeinsame Querschnitts-Fläche gibt, ist die Menge „NULL". In Bereichen, wo es zwischen den Flächen keinen Höhenunterschied gibt, ist die Menge ebenfalls „NULL". Gemeinsame Fläche und Höhenunterschied ergeben eine Menge (Volumen).

Zur Berechnung wird der „Mengen-Befehls-Navigator" genutzt, Registerkarte „Analysieren".

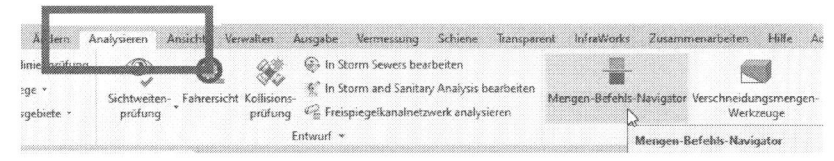

Es wird eine neue Mengenoberfläche erstellt. Alle bisherigen Mengen sind nach wie vor in der Liste enthalten.

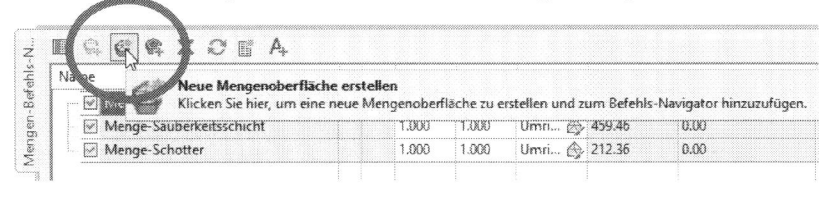

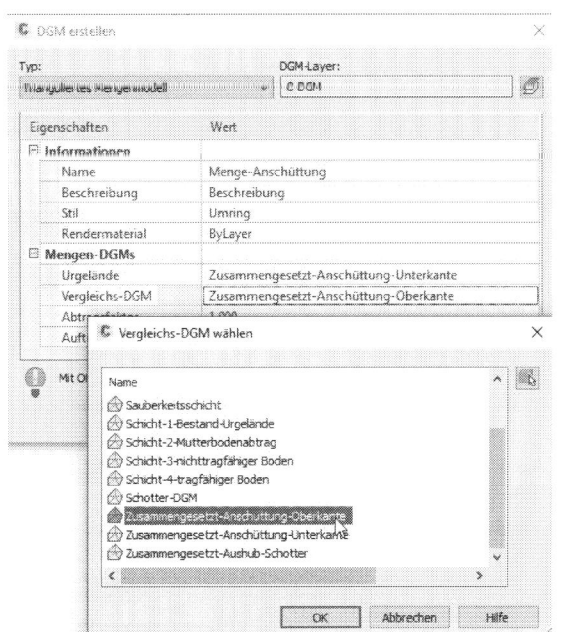

Es wird ein Name vergeben.

Der Darstellungs-Stil ist zweckmäßigerweise „Umring".

Die DGMs die zur Berechnung dienen werden zugewiesen.

4 Aufschüttung, Auftrag (Berücksichtigung Fundament)

Die Menge (Volumen) wird ausgewiesen.

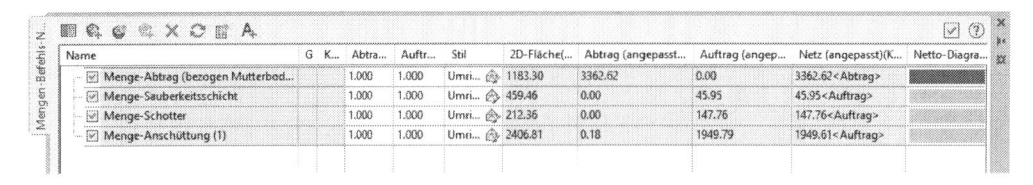

Verschiedene Protokolle sind möglich. Das folgende Bild zeigt das Einfügen eines Textes in die Zeichnung. Einzelne Mengenposition können zu oder ab geschalten sein, um den geschriebenen Text zu steuern. Im Beispiel wird so die Summe aus Abtrag und Aufschüttung errechnet (Netto-Menge).

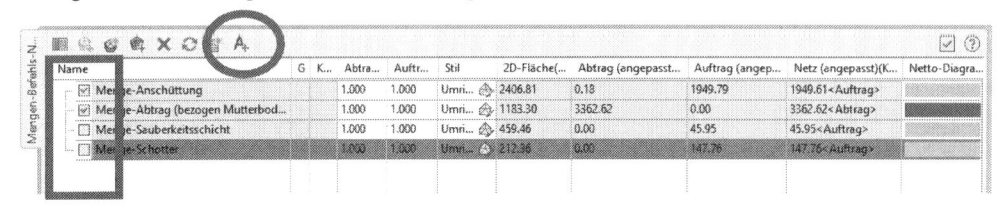

Die Tabelle kann die Nettomenge ausweisen (Abtrag minus Auftrag).

Abtrags/Auftragszusammenfassung

Name	Abtragsfaktor	Auftragsfaktor	2D-Fläche	Abtrag	Auftrag	Netto
Menge-Anschüttung	1.000	1.000	2406.81qm	0.18 Kubikmeter	1949.79 Kubikmeter	1949.61 Kubikmeter<Auftrag>
Menge-Abtrag (bezogen Mutterboden)	1.000	1.000	1183.30qm	3362.62 Kubikmeter	0.00 Kubikmeter	3362.62 Kubikmeter<Abtrag>
Gesamt			3590.12qm	3362.80 Kubikmeter	1949.79 Kubikmeter	1413.01 Kubikmeter<Abtrag>

5 Optionen, Zusatzfunktionen

5.1 Schraffur im Höhenplan

Die Mengenberechnung kann zusätzlich im Höhenplan mit Schraffuren zwischen den einzelnen Schichten unterstützt oder erklärt werden.

Hinweis:

Die Schraffur basiert nicht auf dem Mengenmodell (Mengenberechnung). Die Schraffur basiert auf den erzeugten Längsschnitten (Geländelinie) und hat technisch keine Verbindung zur Mengenberechnung. Die Schraffur kann auch ohne Mengenberechnung ausgeführt sein.

Der Zugang zur Schraffur erfolgt über die Höhenplan-Eigenschaften, Karte Schraffur (Kontextmenü des Höhenplans).

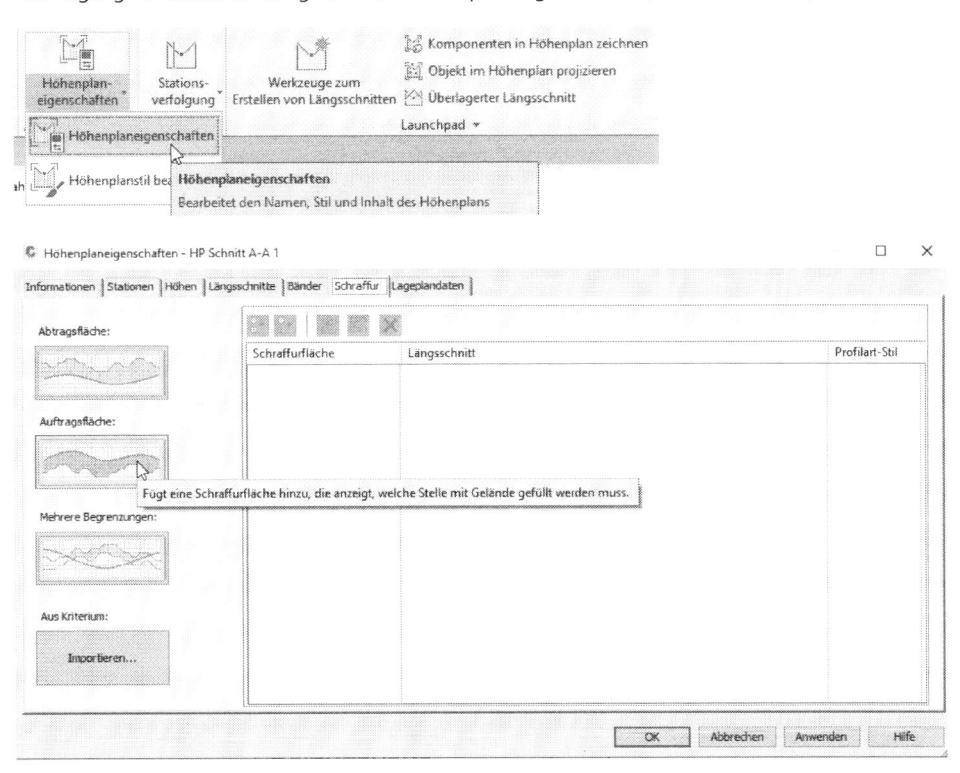

Bei der Zuordnung ist auf die Kategorie (Abtragsfläche, Auftragsfläche) und die Reihenfolge der zugewiesenen Längsschnitte zu achten. Schraffur-Typ und -Farbe sind dabei frei änderbar oder zuordenbar.

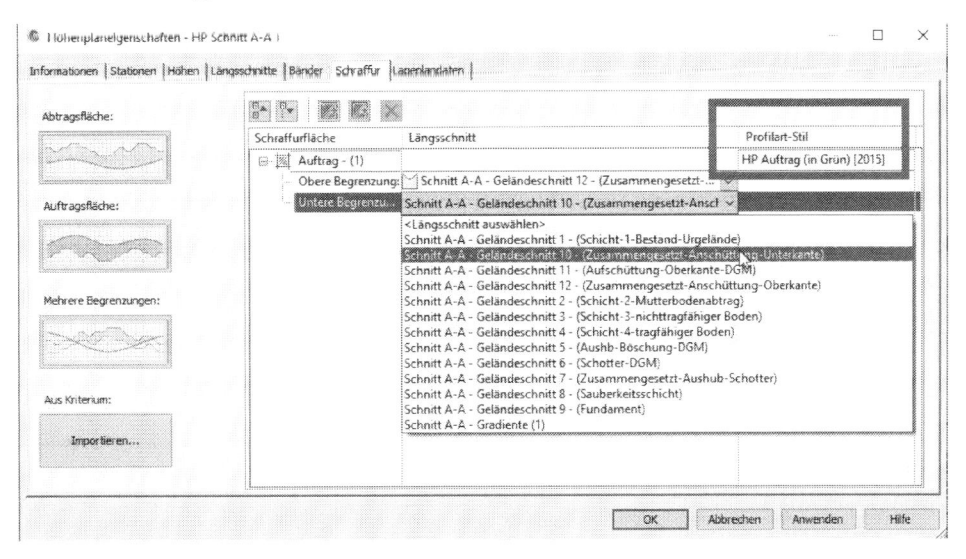

5 Optionen, Zusatzfunktionen

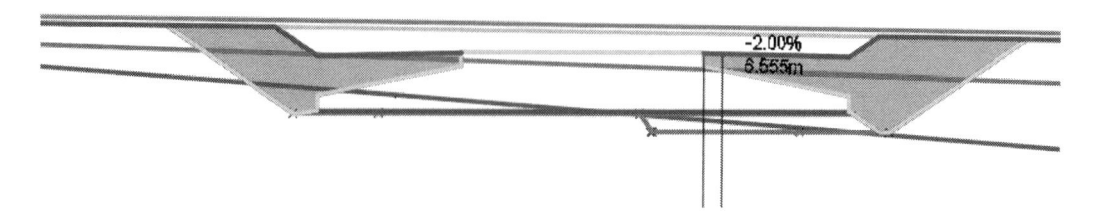

Schraffur Typ und Farbe sind frei wählbar, jede AutoCAD Schraffur ist einstellbar und verwendbar.

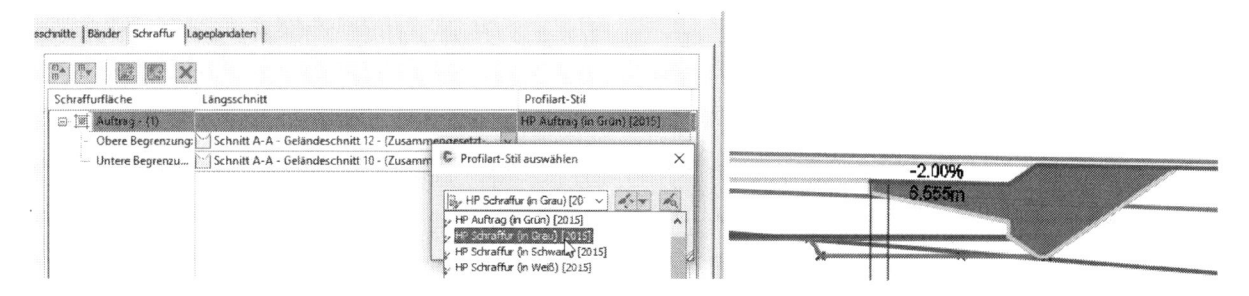

Die folgenden Bilder zeigen eine optionale Bearbeitung der Schraffur.

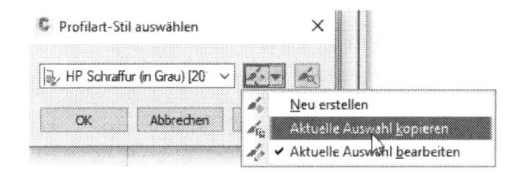

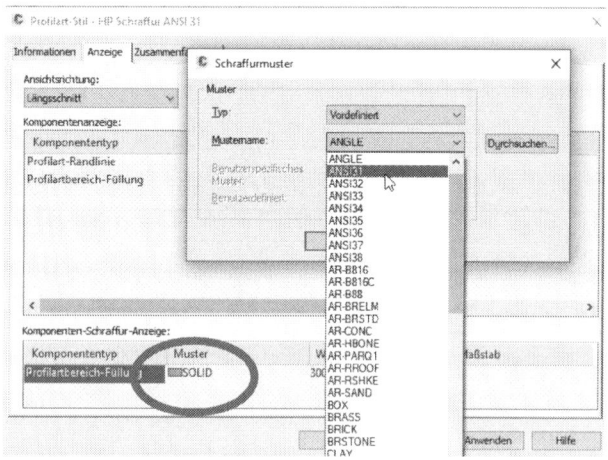

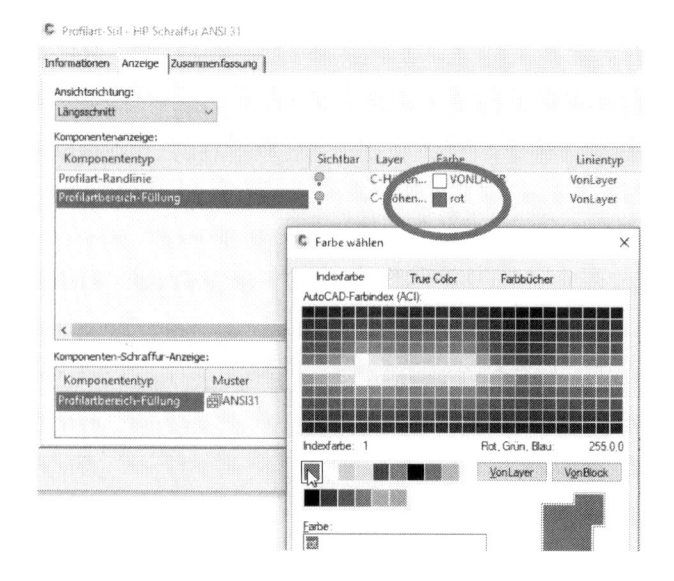

5 Optionen, Zusatzfunktionen

Im Bild wird der Schraffur Typ „ANSI31" in Farbe Rot verwendet.

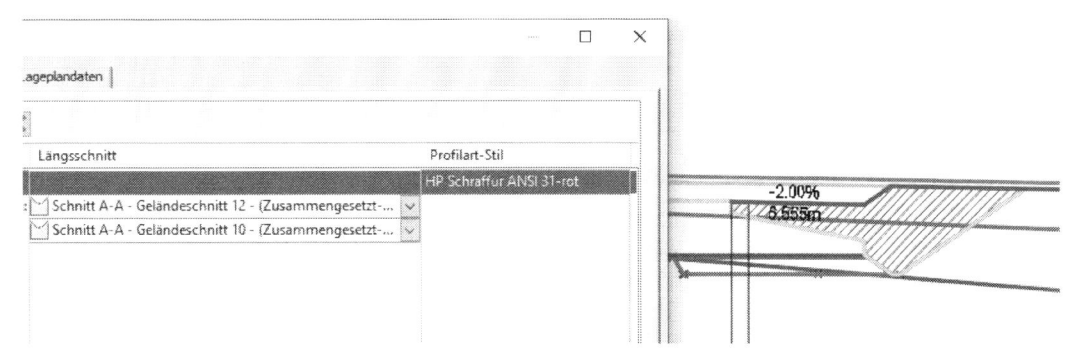

5.2 Hinweis auf Datenstruktur, Datenverknüpfung

5.2.1 DGM-Ordner

Die bisherigen Berechnungen an diesem Beispiel, nur einer Windkraftanlage, nur ein Fundament führen zu 16 DGMs.

Um die Übersichtlichkeit in solchen Projekten zu wahren ist es sinnvoll über Ordner innerhalb der Kategorie DGMs nachzudenken. DGMs lassen sich per „drag&drop" in den angelegten DGM-Ordner „schieben".

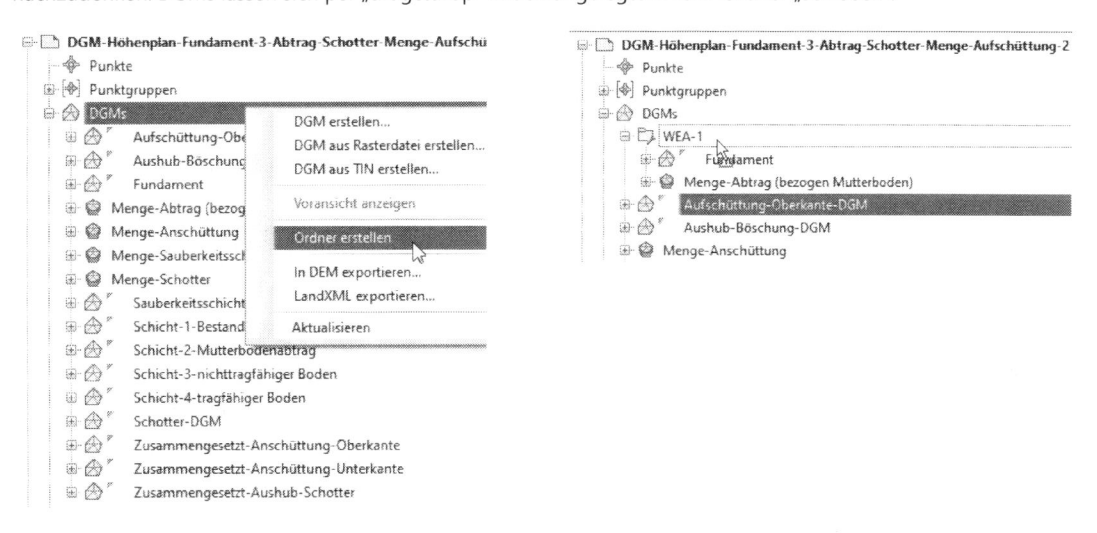

5.2.2 Datenverknüpfung

Weiterhin könnte eine „Datenverknüpfung von Vorteil sein. Datenverknüpfung kann bedeuten in einer Zeichnung wäre das DGM „Urgelände (Bestand)" enthalten und dieses DGM wird in einer anderen Zeichnung geladen und verwendet.

Vergleichbar ist der Ablauf mit X-Ref-Verbindungen im AutoCAD. Der Unterschied besteht darin, mit einer Datenverknüpfung gibt es keine Einschränkungen für den Civil 3D-Höhenplan oder die Civil 3D-Mengenberechnung. Beides funktioniert als wären alle DGMs Bestandteil einer Zeichnung.

In der Praxis kann das zum Beispiel bedeuten mehrere Mitarbeiter können an einem Projekt arbeiten. Mitarbeiter-1 bearbeitet die WEA-1 bis-3, Mitarbeiter 2 die WEA-4 bis-6 und Mitarbeiter-3 bearbeitet die Zufahrten. Das Urgelände ist in einer separaten Zeichnung. Die Mengenberechnung WEA-1 bis -3 in einer weiteren Zeichnung, Mengenberechnung WEA-4 bis -6 in einer dritten Zeichnung und die Zufahrten in einer vierten Zeichnung. Der Bezug zum „Urgelände" und Querverbindungen sind jedoch bei allen gleich und einmalig. Keiner arbeitet an einer Kopie. Wird das Urgelände oder eines der DGMs geändert, so wird das Objekt in allen verknüpften Zeichnungen aktualisiert.

Datenverknüpfungen können mit DGMs, Achsen, Rohrleitungen (Kanalnetze, Druckleitungsnetze), 3D-Profilkörper und Planrahmen-Gruppen erstellt sein.

Das Bild zeigt den Bereich Datenverknüpfungen des Projektbrowsers. Wären Datenverknüpfungen vorhanden, so gäbe es hier Einträge.

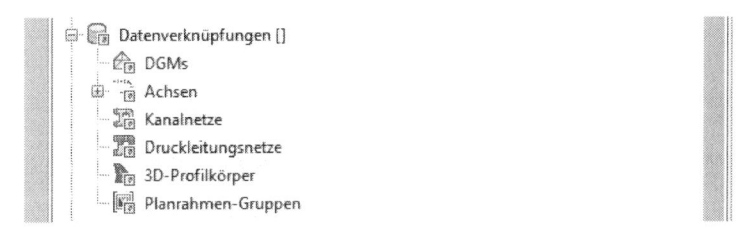

- Datenverknüpfungen []
  - DGMs
  - Achsen
  - Kanalnetze
  - Druckleitungsnetze
  - 3D-Profilkörper
  - Planrahmen-Gruppen

Ende

Printed in Poland
by Amazon Fulfillment
Poland Sp. z o.o., Wrocław